과학이라는 헛소리

욕심이 만들어낸 괴물,
유사과학

과학이라는 헛소리

욕심이 만들어낸 괴물,
유사과학

박재용 지음

MID

머릿말: 누가 유사과학을 '고의로' 만드는가?

　21세기를 사는 우리에게는 이미 다양한 문화가 얽히고설켜 이제 한 나라의 문화를 그 나라에서만 공유하는 일이 거의 없습니다만, 한국에서만 유독 많은 사람이 신봉하는, 혹은 신봉했던 이야기가 하나 있습니다. 선풍기 사망설이 바로 그것이지요. 1920년대에 처음 이야기가 나왔었다고 하니, 이 속설이 한국에 상륙한 지가 햇수로는 거의 100년에 가깝고, 세대로 따지자면 3대에 걸쳐 자리 잡은 이야기네요.

　한국인 대부분은 어렸을 때부터 선풍기를 틀어놓고 자면 죽을 수도 있다고 들었습니다. 그래서 우린 타이머를 설정하고 자든가, 아니면 최소한 선풍기를 '회전 모드'에 두고 잠이 들었습니다. 그런데 이 '선풍기 사망설', 사실이 아니라고 합니다. 선풍기 켜고 잠들면 꾸중을 들을 뿐 다른 피해는 별로 없다고 하더군요. 요사인 뉴스의 '팩트체크'에서 알려주고, 인터넷에서도 잘못된 상식을 지적해서 선풍기 사망설을 믿는 분들은 점점 줄어들고 있습니다만, 100년을 이어온 이야기가 하루아침에 사라질 일은 없겠지요.

"선풍기를 틀어놓고 자면 공기가 희박해져 죽는다"는 말처럼 언뜻 들으면 과학적인 것 같지만 사실은 과학이 아닌 주장이나 이론을 '유사과학pseudoscience'이라고 합니다. '문송하다(문과라서 죄송하다)'라는 표현을 쓰는 순간이지요. 내가 과학을 잘 몰라서 틀린 사실을 알고 있었다는 겁니다. 그래서 유사과학이 흥하는 상황에 대해 일반적으로 '과학 지식'을 잘 모르는 사람들이 많아서 생기는 현상이라고 여기는 분들이 많습니다.

그런데 유사과학에 대해 조사하려고 자료를 수집하고 분류하며 살펴보았더니, 유사과학이 만들어지고 퍼지는 것은 개인 문제라기보다는 사회 문제라는 사실을 발견했습니다. 물론 '선풍기 사망설'처럼 오래전부터 이어져 온 속설이라든가, 개인의 주관적 경험에 의한 유사과학도 있습니다만 문제가 되는 이론이나 주장은 주로 과학을 모르는 개인들보다는 다른 누군가가 고의로 퍼트린다는 것입니다. 더구나 '선풍기 사망설'처럼 그저 웃

과학이라는 헛소리

어넘길 만한 정도의 이야기는 주로 개인의 착각에서 나타나지만, 사회적으로 문제가 되고, 해악을 끼치는 '백신 무용론'과 같은 중요한 문제들은 특정한 개인이나 집단, 혹은 기업에 의해 '고의적으로' 퍼진다는 사실을 확인할 수 있었습니다.

그런 의미에서도 유사과학이 무엇인지, 어떻게 퍼져나가는지를 알아보는 것은 중요한 의미를 가지고 있습니다. 만약 어떤 이들이 고의로 잘못된 주장을 퍼트리고, 그에 따라 사회와 개인에게 나쁜 영향이 미친다면, 이는 당연히 바로잡아야 하는 것일 터이니까요.

실제 살펴본 바에 따르면 이렇게 '고의'로 만들어진 유사과학은 한둘이 아닙니다. 다양한 영역에서 다양한 욕망을 가진 유사과학이 만들어졌고, 만들어지고 있으며, 앞으로도 만들어질 것입니다.

따라서 이 책을 쓰면서 가장 중요하게 생각한 것이 이렇게 '고의'로 퍼지는 유사과학이 무엇이며, 그 이면에는 어떠한 이해관계가 얽혀있는지를 파악해보자는 것이었습니다. 이러한 원칙 아래 상업적이거나 정치적인 혹은 종교적인 목적을 가진, 가장 질 나쁜 유사과학들을 위주로 다루어보고자 합니다.

Trust Science Facts, Not Alternative Facts!

프롤로그

조금만
관심을 기울이면

어떻게 속지 않을 수 있을까

유사과학을 퍼트리는 사람들이라고 모두 고의로 거짓말을 하는 사람들은 아닙니다. 자신의 신념에 대한 확신을 가진 이들도 있으며, 잘못된 지식을 검토 없이 받아들인 경우도 있습니다. 그러나 이들이 아무런 잘못이 없다고 할 수는 없습니다. 이들은 인터넷과 언론 등에서 다양한 방법으로 우리 사회에 유사과학을 퍼트리면서, 이를 통해 자신의 영향력을 키우거나 상업적 이익을 얻는 경우가 많습니다. 그 과정에서 잘못된 지식이 퍼져나가 사회와 개인에게 다양한 기회비용을 지불하게 할 뿐 아니라 경제적, 사회적 손실을 일으키며 심지어 신체적 위해를 끼치는 경우까지 있습니다.

이렇게 유사과학을 고의로 주장하는 이들을 특징에 따라 묶어보면 다음과 같은 정도로 나눌 수 있습니다.

1. 유사과학을 통해서 이익을 얻으려는 기업과 개인사업자
2. 종교적 맹신을 과학으로 덧씌우려는 일부 종교인
3. 자신의 신념 혹은 고집에 찬 대체의학 주장자들
4. 사적 이익을 위해 엄밀한 과학적 방법을 포기하거나 조작하는 과학자
5. 자신의 정치적 이익을 위해 사실을 곡해하는 정치인이나 정치 집단

하지만 우리는 언론과 표현의 자유가 있는 나라에 살고 있습니다. 명백히 타인에게 해를 끼친다고 법률적으로 확인된 경우가 아니면 누구나 자신의 주장을 널리 알릴 수 있습니다. 따라서 이런 이들의 왜곡된 주장에 대해서 법률적으로 혹은 제도적으로 제재를 가할 순 없고, 또 그러한 제재가 이루어져서도 안 됩니다. 우린 서로 다른 주장을 하며 그런 주장이 자신의 마음이나 신념에 어긋나더라도 관용되는 사회에 살고 있으니까요.

이런 측면에서 전문 과학기술인이 해야 할 몫이 있습니다. 이들이 주장하는 것을 그냥 말도 되지 않는 주장이라고 코웃음

치고 넘길 게 아닙니다. 자신의 분야에서 잘못 알려진 것에 대해 정확한 비판을 하고, 이를 알려야 할 필요가 있습니다. 이 책을 쓴 이유 중 하나이기도 합니다. 언론 역시 사실을 확인하여 걸러내는 역할이 필요합니다. 그러나 과학인과 언론에게만 맡길 수 없는 역할도 있습니다.

우리 모두가 이공계일 순 없습니다. 그리고 이공계라고 모든 걸 다 아는 것도 물론 아닙니다. 각자 자신의 전공에 대해서는 잘 알고 있지만, 다른 영역은 잘 모르지요. 그렇다고 우리가 유사과학에 속지 않기 위해 모든 과학 분야를 공부할 순 없습니다. 그래도 언론이나 인터넷으로 회자되는 내용들에 대해 그 진위를 따져 엄밀하게 살피면 많은 거짓 주장을 걸러낼 수 있다고 생각합니다. '적극적으로 속지 않으려는 태도'라고나 할까요, 이런 주장을 합리적으로 의심하는 역할이 필요합니다. 그래서 몇 가지 과학적 주장에 대해 완벽하진 않지만 높은 확률로 잘못된 이론을 거를 수 있는 몇 가지 원칙을 정리해봅니다.

진실과 가설

진화론을 지지하는 과학적 증거는 수도 없이 많습니다만 줄이고 줄여서 1,000개 정도라고 합시다. 반대로 창조론을 지지

하는 증거가 하나 있습니다. 과연 둘 중에서 무엇을 지지하는 것이 더 타당할까요?

진화론은 실험으로 확인하기가 어려운 문제입니다(물론 부분적으로는 실험을 하기도 합니다). 그러나 100년이 넘는 기간 동안 여러 과학자들이 관측을 하고 연구를 하여 다윈이 그 기초를 세운 진화론이 맞다는 결론에 이릅니다. 한두 명이 아니고, 수천 명 이상의 전문 학자가 연구한 결과지요. 한두 번의 관찰이 아니라 수천의 실험과 관찰의 결과입니다. 그런데 창조론은 몇 가지 자기들 마음에 드는 증거만 가지고 '진화론으로는 전혀 이것을 설명할 수 없어' 라고 주장하지요. 물론 진화론이 처음부터 완벽하진 않았고, 초기에는 그들이 내미는 증거를 설명하기 힘들었습니다. 하지만 지금은 그 몇 가지 증거조차 진화론으로 설명이 되고 있습니다. 창조론만이 설명할 수 있는 주장은 이제 없다고 봐도 과언이 아닙니다. 다만 창조론으로'도' 설명되는 몇 가지 사실이 있을 뿐입니다. 그래서 진화론은 이제 실체적 진실에 아주 가까이 접근한 이론입니다. 즉 기본 원리가 되었다는 것이지요. 하지만 창조론은 아주 아주 좋게 봐줘도 허술한 가설에 불과합니다. 그런 둘을 동급에 놓고 비교할 수는 없는 거지요.

어떤 이론도 처음부터 완벽할 순 없습니다. 특히 생물학이나 지구과학 등의 연구영역에서는 더욱 그렇습니다. 그래서 이론의 일부분이 앞으로 더 검증되거나 발전해야 할 부분이 있는 것도 사실입니다. 그렇지 않다면 왜 지금도 진화론을 연구하는 학자들이 있겠습니까? 하지만 진화의 근본적인 원리와 과정에 대해선 모두 동의하고 있지요.

이렇듯 기존의 과학은 근 200년에 걸친 수많은 과학자들의 노력 속에 탄탄한 시스템을 구축하고 있고, 또 서로 간의 검증을 통해 관련 사실의 실체적 진실에 다가가고 있습니다. 따라서 누군가가 '기존의 과학 체계는 모두 잘못되었다' 라든가 아니면 '기존의 학설을 완전히 뒤집는 획기적 성과' 라는 이야기를 하면 일단 의심을 해봐야 합니다. 물론 과학의 역사에서 새로운 주장이 기존의 학설을 뒤집는 경우는 자주 있었고, 앞으로도 있을 것입니다. 하지만 그 과정은 지루하고도 격정적입니다. 서로 간의 피나는 논쟁이 뒤따르고, 증거가 확보되고, 내적 연관성이 분명하게 드러나는 과정을 통해서 새로운 학설이 새로운 이론이 되어 이전의 이론을 교체하게 됩니다.

그렇게 되기 전까지 새로운 주장은 '가설hypothesis'이라는 딱지를 떼지 못합니다. 지금도 과학의 여러 분야에서는 다양한 가설이 경쟁 중입니다. 그리고 불행하게도 그 가설 중 대부분은 틀린 것으로 결론납니다. 또한, 현대 과학에서 이런 가설들은 대중에게 공표되는 형태가 아니라 논문의 형태로 학술지라는 장에서 발표되고 경쟁이 이루어집니다. 따라서 동료과학자들의 인정을 받지 못하고 언론을 통해서나 접하게 되는 수많은 가설적 수준의 발견이 바로 과학적 진실은 아니라는 점을 알아야 합니다.

동료평가는 받으셨나요

과학기사를 잘 살펴보면 이를 크게 두 가지로 나눌 수 있다는 걸 알 수 있습니다. 하나는 그 기사의 근거로 어느 학술지에 발표된 논문을 인용하는 겁니다. 다른 하나는 연구자가 학술지에 논문을 발표하기 전 미리 언론에 자신의 연구 성과를 공개하는 것입니다.

두 번째의 경우는 잘못된 연구일 확률이 대단히 높습니다. 어떤 과학자도 자신의 연구에 대해 100% 자신을 가지지 못합니다. 실험이나 측정 과정에서 실수가 있을 수도 있고, 애초에 연구 설계가 잘못되었을 수도 있습니다. 그래서 논문을 학술지에 투고하면 그 논문의 타당성을 관련 전문가들에게 위촉하여 검토한 후 통과가 되어야 게재가 됩니다.

그런데 이런 과정 없이 언론을 통해 자신의 연구 성과를 발표하는 경우가 있습니다. 이런 상황은 동료 평가와 학술지의 검토를 통과할 자신이 없는 경우일 때가 대단히 많습니다. 한국에서 있었던 대표적인 사례는 황우석 박사가 송아지 복제를 발표한 경우지요. 결국 나중에 검토해보았더니 실제 복제가 이루어지지 않았다는 사실이 판명되었습니다. 자신의 업적을 과장하기 위해 '나쁜 과학자'들이 즐겨 써먹는 수법입니다. 동료 과학자들은 이런 모습에 대단히 비판적이기 마련입니다. 물론 학술지에 게재된 논문도 나중에 틀린 것으로 판명이 나는 경우가 많습니다만, 이런 논문은 과학 윤리의 문제 때문에 잘못된 것은 아니니 비판할 이유는 전혀 없습니다.

그래서 과학기사를 볼 때 인용 자료가 학술지에 발표된 논문인지, 아니면 과학자가 직접 언론에 보도자료를 보낸 것인지를 확인할 필요가 있습니다. 물론 과학을 담당하는 기자들이 사실관계를 먼저 확인하고 이를 기사화시키는 것이 가장 바람직합니다만, 지금처럼 다양한 언론이 온라인을 통해 기사를 내보내는 현실에선 우리 스스로 잘못된 기사를 거를 수 있는 눈을 가져야 합니다.

진짜 전문가일까

어린아이들은 궁금증이 생기면 부모님께 여쭤봅니다. "호랑이는 어디 살아요?" "공룡은 왜 사라졌어요?" "비행기는 얼마

과학이라는 헛소리

나 빨라요?" 등등. 어린이들에게 부모님은 세상 모든 걸 아는 분들이시지요. 그러나 우리는 부모님이 모든 걸 꿰뚫어 아시기란 힘들다는 걸 압니다. 그래서 우린 TV나 인터넷 등의 다른 곳에서 정보를 얻습니다. 그런데 그 다른 곳이 정말 믿을만한 걸까요? TV에 나왔다면 당연히 검증이 된 거라고 다들 생각하는데 몇몇 분들이 하시는 말씀 중엔 이상한 내용들이 있더군요.

얼마 전 창조과학이 한창 화제가 되었던 적이 있습니다. 그런데 제 주변에서도 창조과학도 뭔가 근거가 있는 학문이 아닌가 하는 생각을 하는 이가 있더군요. 이유는 창조과학을 주장하는 이들 면면을 보면 과학자들이 많다는 거지요. 그래서 제가 그 과학자들 전공이 어떤 분야인지 잘 살펴보라고 했습니다. 창조과학은 주로 진화와 관련한 이야기를 바탕으로 합니다. 그런데 창조과학을 하는 이들 중에는 진화와 관련된 연구자보다는 물리학, 기계공학, 화학 등 다른 분야를 연구하는 이들이 많습니다. 그 사람들이 무슨 이야기를 하든지 저는 신뢰할 수가 없다고 했습니다. 자기 전문 분야에 대해 이야기하는 것이 아니라 다른 이의 연구 분야에 대해 이야기하는 것이기 때문이지요. 더구나 그들의 주장을 들어보면 진화학, 진화생물학, 발생학, 고생물학, 분류학 등의 관련 학문에 대한 이해가 대학 학부생 수준에도 미치지 못하는 경우가 허다하더군요.

우리는 누군가가 어떤 분야의 전문가라고 이름이 알려지면 다른 분야도 잘 알 거라고 미뤄 짐작하는 경우가 있습니다. 유사 과학에는 바로 그런 허점을 교묘히 이용하는 경우가 꽤나 많습니다. 표어도 있지 않습니까. '약은 약사에게, 진료는 의사에게' 마찬가지로 물리학은 물리학자의, 생물학은 생물학자의 의견을 듣는 것이 가장 정확하겠지요.

검증되었다는 거짓말

기업체들은 보통 자신의 제품 성능 연구를 대학이나 다른 연구소에 의뢰해 검증을 받습니다. 그러면 여러 가지 연구결과가 나오겠지요. 그런데 기업에서 애써 돈을 들여 진행한 연구인데도 연구 결과를 논문으로 학술지에 게재하지는 않고, 그냥 언론에 보도하거나, 광고에 삽입하는 경우들이 있습니다.

그런데 이런 연구 결과가 얼마나 믿을 만한 것일까요? 정말 기업체들이 홍보하는 것 같은 효과가 나타난다면, 당연히 연구자 입장에서도 논문으로 발표하고 학술지에 게재하려고 합니다. 그런데 실제로 기업체에서 발표하는 연구 결과들은 그런 형식을 취하지 않지요. 비용의 문제라기보다는 그 성과가 엄밀한 평가를 통과할 자신이 없는 경우가 대부분입니다(그래서 학술지에 게재

된 논문이 나오면 게재 사실 자체를 또 따로 홍보하기도 합니다). 가령 아스피린이 고혈압에 좋다는 것은 아스피린을 만드는 회사에도 좋은 소식이지만 의학적으로도 중요한 사항입니다. 이런 경우 연구자들은 당연히 관련 학술지에 발표를 합니다. 그리고 다른 연구자들도 비슷한 실험을 통해서 이를 검증하지요. 그러면서 고혈압을 위해 아스피린을 먹을 경우에는 진통제로 먹을 때와 다른 함량이 필요하다는 사실도 확인합니다.

이렇듯 정말 과학적으로 의미 있는 결과가 나오면 연구자도 당연히 학술지에 게재하길 원할 겁니다. 그러나 기업체의 후원 혹은 지원금을 받아서 진행하는 연구 중에는 실제로 학술지에 발표할만한 내용이 없거나, 실험설계가 부적절하거나, 표본이 너무 적어서 의미가 없는 경우가 있습니다. 그런 경우 결과를 기업체에 넘기는 선에서 끝나지요. 물론 대부분의 과학자가 실험에서 나타난 결론을 기업체에 유리하게 조작을 하는 상황까지 가지는 않지만(슬프지만 그런 경우도 드물게는 있습니다), 기업체 입장에서는 불리한 결론이 나온 건 밀쳐두고 유리한 결론이 나온 것만 홍보용으로 쓰는 거지요. 따라서 기업체에서 홍보하는 '연구팀이 입증한 결과'라는 문구는 그야말로 홍보를 위한 것에 불과합니다.

위키를 '완전히는' 믿지 마세요

검색을 통해 확인을 하는 경우 저는 위키피디아를 가장 먼저 확인해봅니다. 다른 포털 사이트의 궁금증을 풀어주는 코너의 경우 잘못된 지식을 설파하는 경우가 아주 많기 때문입니다. 그리고 인터넷 검색을 통해 해당 내용에 대한 다른 이들의 블로그도 물론 확인합니다만, 이 경우에도 글쓴이가 해당 분야의 전문가인지를 먼저 확인해봅니다.

이 글을 쓰기 위해서도 인터넷 검색을 꽤나 많이 했습니다만 위키피디아를 제외한 나머지의 경우 제대로 된 지식을 얻기가 대단히 드물었습니다. 오히려 유사과학이 퍼지는 하나의 경로로 쓰이는 경우가 더 많았지요.

위키피디아는 소수 전문가가 아닌 다수의 시민이 참여해서 만드는 백과사전을 목표로 하고 있습니다. 다양한 항목들이 있어서 우리가 참고하기에 아주 좋은 곳이지요. 그러나 위키피디아의 내용이 모두 현재 시점에서 옳은 것은 아닙니다. 일부는 작성한 이가 잘 몰라서 오류가 생기기도 하고, 일부는 시간이 지나면서 사실 관계가 바뀐 경우도 있지요. 물론 고의로 잘못된 내용이 올라가기도 합니다. 일부 논쟁 중인 항목의 경우도 있습니다.

그래서 위키피디아를 참고할 때는 밑의 각주를 항상 보아야 합니다. 위키피디아의 내용 중에서도 과학과 관련된 사항을 전문 지식을 가진 이가 작성할 때는 항상 해당 부분의 근거가 되는 다른 문서를 각주로 달아놓습니다.

만약 한글 위키피디아에서 살펴본 내용이 각주에 근거 자료가 없다면 영문 위키피디아나 일어 위키피디아의 동일 항목을 검색해보는 것도 좋은 방법입니다. 한글판에는 없는 각주가 영문이나 일어 위키피디아에는 있는 경우가 꽤나 많습니다.

물론 위키에 각주가 있다고 항상 맞는 것은 아닙니다. 각주를 따라가 다시 한번 근거자료가 정말 근거가 있는 것인지를 확인해야지요. 그리고 다른 전문 자료를 통해 다시 한 번 크로스체크를 해보는 것이 좋습니다. 이렇게 근거자료를 확실하게 확인하는 습관은 정확한 정보를 얻는 데 도움이 됩니다.

경험은 주관적입니다

초등학교 동창을 만납니다. 예전에 아주 친했던 친구였어요. 오랜만에 친구를 만나니 반가운 마음에 옛날 이야기를 하게 됩니다. 그런데 같이 놀던 추억을 떠올리며 즐겁게 이야길 하다 보니 뭔가 이상하네요. 서로 공유하는 추억이 다릅니다. 나는 분명히 그 날 저녁에 떡볶이를 먹었다고 기억하고 있는데 친구는 피자를 먹었다는군요. 심지어 그날 같이 있었던 또 다른 친구는 햄버거를 먹었다고 기억하고 있습니다. 누군가는 틀렸겠지요. 이렇듯 우리의 기억은 항상 정확하지 않습니다.

오른손은 따뜻한 물속에 넣고 왼손은 차가운 물속에 넣습니다. 이제 두 손을 꺼내 중간 온도의 물에 넣어봅니다. 오른손은 차갑게 느끼고 왼손은 따뜻하게 느낍니다. 커피에 설탕을 넣고 한 모금 마셔봅니다. 그리곤 같은 커피에 소금을 조금 뿌립니다. 마셔보면 바로 전보다 더 달게 느껴집니다. 이렇듯 우리의 감각도 정확하지 않습니다.

우리는 자신의 경험과 감각을 믿습니다만 위의 경우처럼 우리의 기억과 감각이 항상 정확한 것은 아닙니다. 따라서 이전에 자신이 경험한 일이 항상 옳다고 주장할 수 없습니다.

유사과학이 전파되는 또 하나의 경로는 자신의 경험에 대한 확신이 전파되는 겁니다. '내가 해봤더니 실제로 되더라!' 라는 건 그를 잘 아는 사람들에겐 굉장한 신뢰를 주게 되지요. '내가 먹어봤더니 정말 몸이 좋아지더라' 라든가 '내 주변 사람들을 살펴봤더니 정말 혈액형에 따라 성격이 완전히 정해지는 거 있지!' 하는 식이지요. 이런 개인의 경험은 항상 틀릴 수 있습니다. 그래서 과학은 재현 가능성을 굉장히 중요하게 여깁니다. 누구나 동일한 종류의 실험이나 관측을 하면 동일한 결과가 나와야 한다는 것이지요.

유사과학을 전파하는 이들의 공통점 하나가 바로 '자신이 직접 경험한 사실'이나 '자신이 잘 아는 사람이 경험한 사실'을 근거로 내세운다는 것입니다. 그러나 재현 가능한 실험을 통해 확증되지 않은 이야기는 당연히 과학이 아니지요.

합리적 의심은 권리이자 의무입니다

타인의 주장에 대해 합리적 의심을 하는 것은 당연한 권리입니다. 누군가는 왜 그리 의심이 많냐고 할 수도 있습니다. 그러나 의심하지 않고 믿는 것은 과학의 영역이 아니지요. 누군가를 사랑하거나 신을 믿을 때는 의심 없이 믿을 수도 있습니다. 그러나 사물의 이치에 대해 누군가가 자신만의 내적 연관성에 대해 주장을 한다면, 그 주장이 진실인지, 어떤 근거로 주장을 펼치는지를 살펴보는 것은 당연한 권리입니다.

정치인이 자신을 당선시켜주면 대한민국을 최고의 국가로 만들겠다고 주장한다고 칩시다. 우리가 그의 주장을 그 자체로 믿어야 할 이유가 있을까요? 그의 주장을 검증할 필요가 있습니다. 그가 내세운 공약이 정말 우리나라를 발전시킬만한 것인지 확인해야 하고, 그가 자신의 공약을 철두철미하게 이루어나갈 능력이 있는지도 파악해야하고, 그 주변의 동료 정치인들은 믿음직

한지도 알아야겠지요. 그런 연후에야 그의 말을 믿을 것인지 말 것인지를 정하는 거지요.

마찬가지로 아주 친한 친구가 수소수가 몸에 좋다고 주장하거나 게르마늄 팔찌가 건강에 도움이 된다고 권하면 어떨까요? 그가 아무리 친한 친구라도 그가 그렇게 말하는 근거는 무엇인지, 어떻게 증명을 하는지는 파악해야겠지요. 그리고 그가 말하는 근거나 증명이 과학적이지 않다면 당연히 의심을 하고 거부해야 할 것입니다.

합리적 의심이 권리이자 '의무'이기도 하다는 건 그런 의심 없이 무심코 퍼트린 이야기가 다른 이들에게 피해를 입힐 수도 있기 때문입니다. 특히나 대체 의학과 관련되어서는 중요해집니다. 누군가에게 들은 '인슐린 주사는 한 번 맞으면 계속 맞아야 하니까 당뇨병이더라도 주사는 피하는 것이 좋아' 라는 말을 주변의 당뇨병을 앓고 있는 지인에게 무심코 건네는 경우, 그의 당뇨병 치료를 방해할 수도 있습니다.

기본적 과학 지식은 필요합니다

우리가 산수를 하기 위해선 덧셈, 뺄셈, 곱셈, 나눗셈 등을 알아야 합니다. 수학으로 넘어가면 삼각함수와 로그, 미적분 등을 공부해야 합니다. 영어를 하려면 알파벳을 익히고, 단어를 외우고 문법을 알아야지요. 뭐든 기본적인 지식이 있어야 그 다음으로 넘어갈 수 있다는 건 우리 모두 알고 있는 사실입니다. 과학도 그렇지요. 기본적인 상식은 있어야 저 사람이 하는 말이 타당성이 있는 건지, 아니면 내가 모른다고 사기를 치는 건지를 알 수 있습니다. 그런데 이 기본적 지식이란 것이 과학이라고 아주 어려운 것은 아닙니다. 우리가 중고등학교에서 배운 과학 지식 정도면 충분하지요. 그러나 다른 과목과 마찬가지로 중학교나 고등학교에서 배웠던 과학 지식은 시간이 지나면 점차 머리에서 빠져나가 버립니다.

그래서 가끔씩 교양 과학서를 한 권 정도는 읽어주는 일이 필요합니다. 요사인 재미있게 읽히는 교양 과학서가 굉장히 다양하게 나오고 있으니 서점에 들러서 한 번 훑어보고, 또 다른 이들에게 추천을 받는 것도 좋겠습니다. 아니면 도서관에서 빌릴 수도 있지요. 한가한 시간에 과학 다큐멘터리를 보는 것도 좋은 방법입니다. EBS 다큐를 찬찬히 검색해보면 다양한 분야의 교양을 쌓을 수 있는 좋은 과학 프로그램들이 아주 많습니다.

물론 세상이 발달하면서 지식의 양도 늘어나고, 깊이도 더욱 깊어져서 모든 것을 안다는 것은 개인에게는 버거운 일입니다. 알아야 할 것들이 너무나도 많지요. 그러나 그 관심의 영역

중 작은 일부라도 과학에 투자한다면 유사과학을 분별할 수 있는 능력을 갖추는 것 이상의 즐거움과 유용함을 얻을 수 있습니다. 무심히 지나치던 과자의 성분표를 보고 어떤 영양분이 들어 있는지 판단할 수도 있고, 다른 이들과 이야기할 주제도 풍부해지지요. 또 뉴스에서 나오는 다양한 이야기들에 대해서도 이전보다 조금 더 잘 판단할 수 있을 것이고, 무엇보다도 세상의 이치를 조금씩 더 알아가는 즐거움이 있을 겁니다.

이 책도 그런 즐거움에 일조하기를 바라봅니다. 이제 진짜 유사과학이 어떤 것이고, 무슨 문제가 있는지, 그 실상은 어떤지 살펴봅시다.

1

몸에 좋을지는
모르겠지만

건강에 좋다는 말, 솔깃하시죠?

어느 날 잠시 마실 다녀오신 어머님 손에 들린 건강식품을 보고 기함을 하신 적은 없으신가요? 일단 몸에 좋은 거라며 챙겨주시는 그 마음은 감사하지만… 효과가 있는지도 모르겠는데 맛도 없고, 뭔가 비릿한 냄새에 거부감을 물씬 느끼게 되는 경우가 많습니다. 매일 아침 저녁으로 '그 몸에 좋다는 (비싼) 것'을 제대로 챙겨먹고 있는지를 확인하실 때면 이게 진짜 얼마나 효과가 있는지 궁금해지기도 하지요.

그러나 정도만 다르지 우리도 건강을 위해 여러 가지 건강 보조식품을 먹고 있습니다. 아침마다 어떤 이는 비타민을 몇 알씩 먹고, 간에 좋다는 영양제도 먹습니다. 또 다른 이는 칼슘보

충제를 먹고, 프로폴리스도 섭취합니다. 다른 이는 슈퍼 푸드라고 알려진 여러 베리류를 갈아서 마십니다. 혹은 아미노산 음료를 먹기도 하지요.

광고로, 혹은 기사나 방송으로 나오는 다양한 음식과 영양 보충제, 그리고 장신구에 이르기까지 건강에 좋다는 게 왜 이리도 많을까요? 그걸 다 먹다보면 정작 배가 불러서 밥도 먹기 힘들 정도입니다.

좋다니까 먹긴 하는데 이런 제품들이 과연 정말 홍보하는 이들 말대로 우리 몸에 긍정적인 영향을 끼치는 걸까요? 유사과학의 첫 이야기는 건강하게 살려는 우리의 바람을 이용하는 제품들 이야기입니다.

자연이 준 건강식품, 효소

아내가 아침에 매일 한 숟가락씩 먹으라며 웬 약통을 하나 내놓습니다. 이게 뭔가 하고 자세히 봤더니 효소식품입니다. 아니 이걸 왜? 했더니 매일 꾸준히 복용하면 소화도 잘되고, 면역 기능도 향상되고 등등, '하여간 몸에 좋다'고 하네요.

그래서 아니 그런 건 누구한테 들었어? 그랬더니 효소식품을 선물로 준 친구가 그랬다고 하더군요. 살짝 기분이 상하려고 합니다. 아내에게 향한 건 아닙니다. 아내의 친구에게도 뭐라할 건 아니죠. 이건 이런 걸 만들어서 파는 회사와 상품을 기획한 이들에게 풀어야 할 일입니다.

일반인들의 경우 어느 분야의 전문가가 한마디 하면 당연히 신뢰하게 됩니다. 특정 분야에 전문적 식견을 가지고 있는 사람이라면 믿는 것이 당연하지요. 우리가 사는 세상은 워낙 복잡해서 개인이 모든 분야에 전문적 지식을 가질 수 없으니 그 분야의 전문가 말을 믿는 것이 항상 의심하는 것보다 소위 '가성비'가 좋기 때문입니다. 그래서 전문가가 거짓말을 하면 일반인들은 당연히 속을 수밖에 없습니다. 더구나 거짓말을 하는 이유가 자신의 이익을 챙기기 위해서라면 이 전문가는 당연히 지탄을 받아야 합니다. 또 전문가의 자문을 구해야 하는 사람들이 자신의 물건을 팔기 위해 제대로 확인하지도 않고, 미루어 짐작하거나 자신에게 유리한 쪽으로 광고를 한다면, 그래서 결과적으로 거짓말을 하게 된다면 그 또한 나쁜 짓입니다. 그리고 효소는 대표적인 거짓말 식품의 하나입니다(물론 효소식품이 건강에 나쁘다는 건 아닙니다만, 그 효능은 거짓말이 90% 이상입니다).

일단 효소enzyme가 뭔지 한 번 알아보도록 합시다. 효소는 간단히 말해서 생체 촉매입니다. 촉매란 건 화학반응을 할 때 반응 속도를 빠르게 하거나 느리게 하면서, 스스로는 반응과정에서 변하지 않는 물질을 말합니다. 소독약으로 흔히 쓰이는 과산화수소를 예로 들어보겠습니다. 과산화수소는 말 그대로 산소가 과하게 있는 물질입니다. 물은 산소 하나에 수소가 두 개 결합해서 만들어진 분자입니다. 그래서 흔히들 H_2O라고 말하기도 하지요. 과산화수소는 여기에 산소가 하나 더 있어서 H_2O_2가 된 녀석입니다. 이 과산화수소는 산소가 과하다보니 가만히 놔둬도 저절로 물과 산소 원자 하나로 분해가 됩니다. 이때 나오는 산소 원자가 살균 작용을 하는 거지요. 과산화수소를 가만히 놔두면 분해되는 속도가 아주 느립니다. 투명한 용기에 넣고 보면 산소 방울이 올라오는 걸 쉽게 보기 힘듭니다. 그런데 여기에 이산화망간이란 녀석을 툭 떨어뜨리면 그때부터 난리가 납니다. 분해 속도가 아주 빨라져서 뽀글뽀글 기체가 올라오는 걸 바로 볼 수 있지요. 반응이 모두 끝난 뒤 살펴보면 이산화망간은 그대로 남아 있습니다. 반응에 관여는 하지만 스스로는 하나도 변하지 않는 거죠. 이 이산화망간과 같은 역할을 우리 피도 합니다. 그래서 과산화수소를 상처난 곳에 바르면 엄청나게 따가우면서 동시에 거품이 부글부글 끓는 걸 볼 수 있습니다. 피 속에 촉매작용을 하는 물질이 있는 거지요.

우리가 건강하게 살아가기 위해선 우리 몸도 아주 많은 화학반응을 해야 합니다. 그리고 우리 몸에서 일어나는 모든 화학반응에는 거의 '반드시'라고 해도 좋을 만큼 효소가 필요합니다. 그런데 화학 반응의 종류가 아주 많다보니 효소도 다양합니다. 한 효소가 여러 반응에 동시에 관여할 수 없기 때문입니다. 이를 '기질 특이성'이라고 합니다. 즉 아밀레이스라는 효소는 녹말이

엿당으로 분해되는 반응에만 관여하고, 라이페이스라는 효소는 지방을 분해하는 반응에만 관여합니다. 그래서 우리 몸에 필요한 효소는 수백, 수천 가지가 넘습니다. 이를 어떻게 다 충당하냐고요? 우리 몸 안에 있는 세포내 소기관들이 매일 아주 열심히 일해서 만들어내는 거지요. 소화에 관여하는 효소, 물질 운반에 관여하는 효소, DNA의 복제에 관여하는 효소, 활성산소를 제거하는 효소, 세포호흡에 관여하는 효소, 혈액을 응고시키는 효소 등등 효소 이야기만 해도 1,000쪽이 넘는 책을 쓸 수 있을 정도입니다. 소화에 관계되는 효소만 나열해 봐도 아밀레이스, 펩신, 트립신, 라이페이스, 펩티데이스, 수크레이스, 말테이스, 락테이스 등등이 있지요.

오, 그렇다면 우리 몸에 부족한 효소를 보충한다면 아주 좋은 거 아닌가? 마치 비타민이나 철분을 보충하듯이 효소도 보충하면 되겠네, 라고 생각하실 수 있겠습니다. 그러나…

대부분의 효소식품은 사실 발효식품이다

효소의 구조를 살펴보면 크게 압도적으로 많은 비중을 차지하는 단백질과 보조효소라고 하는 작은 부분으로 나눌 수 있습니다. 효소는 세포가 만들어내는 단백질로 된 일종의 화학반응의 촉매라고 할 수 있겠네요. 그런데 시중에 나와 있는 각종 효소식품은 사실 세균 등 미생물에 의해 발효된 식품인 경우가 대부분입니다.

먼저 발효에 대해 알아보겠습니다. 발효란 영양분을 분해하는 과정의 한 종류입니다. 우리 몸의 아밀레이스라는 효소는 녹말을 분해해서 엿당을 만듭니다. 이와 동일한 과정이 식혜를 만들 때 진행됩니다. 역시나 아밀레이스와 비슷한 효소를 가진 미생물에 의해 진행됩니다. 술을 만드는 과정도 일종의 발효입니다. 균류의 일종인 효모가 포도당을 분해해서 에틸알코올과 이산화탄소를 만드는 것이지요. 식초도 원래는 이런 과정을 거쳐서 만들어지고 된장도 마찬가지며 젓갈도 마찬가지입니다. 물론 이 과정 모두는 효소를 필요로 합니다. 어느 생물이고 이런 화학작용을 하기 위해선 모두 효소가 필요하니까요. 하지만 이 과정이 효소를 '만드는' 과정은 아닙니다. 효소가 '관여하는' 과정이지요.

그래서 보통 정직한 사람은 '발효식품'이란 말을 씁니다. 그런데 어느 날인가부터 사람들이 '효소식품'이란 말을 쓰기 시작했습니다. 이 과정에서 효소가 막 만들어지고, 그렇게 해서 판매되는 제품에는 효소가 잔뜩 들어가 있을 것처럼 말이죠. 그러나 천만의 말씀입니다.

매실효소식품이라는 것이 있더군요. 잘 살펴봤더니 매실청을 만드는 것과 별반 다르지 않습니다. 물론 매실과 설탕이 있으니 이를 양분으로 삼아 분해하는 미생물이 있겠지요. 이 미생물이 양분을 분해하는 과정에서 필요로 하는 효소를 만들 수도 있습니다. 그러나 그 비중은 엄청나게 작습니다. 매실효소식품의 경우 99% 이상이 매실청과 다르지 않습니다. 만드는 과정이 비슷하기 때문이지요. 설령 그 과정에서 효소가 좀 생겼다고 하더라도 설탕을 분해하는 효소가 우리 몸에 왜 필요한 걸까요? 우리 몸엔 이미 설탕을 분해하는 수크레이스라는 효소가 있는데 말이죠. 더구나 설탕 자체도 과다하게 먹으면 몸에 좋지 않다고들 해서 섭취량을 줄이는 판국에 말입니다. 효소가 설탕을 분해하니 몸에 좋지 않은 설탕이 줄어드는 게 아니냐고 반문할 분도 있을 겁니다. 하지만 설탕이 몸에 좋지 않은 건 그 설탕에서 만들어지는 과당을 너무 많이 섭취하면 몸에 이상이 생기기 때문입니다. 매실청의 효소가 과당을 분해하는 건 아니거든요.

효소는 흡수가 안 된다

두 번째로 효소는 진화의 산물이란 점을 잊으면 안 되겠습니다. 식물은 자신의 생활환경에 맞는 효소를 진화시켰고, 동물은 동물 나름대로의 효소를 진화시킵니다. 같은 동물이라도 종이 다르면 효소가 다릅니다. 흔히 효소식품이라고 하면서 어떤 식물의 무슨 효소가 우리 몸에 들어오면 아주 특별한 작용을 해서 살도 빼고 건강하게 해준다고 하는데 다 거짓말이지요. 어떤 효소가 그런 역할을 할 수 있다고 하더라도 그 효소는 혈관에 주사로 주입하기 전에는 결코 우리 몸 안으로 들어올 수 없습니다. 즉 먹어서는 소용이 없다는 겁니다.

우리 몸의 꽤 많은 부분을 소화기관들이 차지하고 있다는 사실을 알고 계실 겁니다. 입, 식도, 위, 소장, 대장으로 이어지는 소화기관뿐이 아니죠. 췌장(이자)과 간, 쓸개도 모두 소화와 관련된 일을 하는 곳입니다. 이 소화기관이 하는 일은 뭘까요? 간단히 말하자면 음식을 우리 몸의 세포가 흡수할 수 있는 아주 작은 입자로 나누는 일을 하는 겁니다.

단백질을 예로 들자면 입에서 일단 이빨로 자르고 갈아서 작게 만듭니다. 그럼 위에서 일단 펩신이라는 효소로 단백질의 여기저기를 나눠줍니다. 소장의 제일 앞쪽은 십이지장입니다. 여기서 다시 트립신이란 효소가 아직 끊어지지 않은 부분을 또 나눠줍니다. 그리고 소장에서 마지막으로 펩티데이스란 효소가 마지막으로 아미노산이란 기본 물질로 나눠줍니다. 이렇게 잘게 나눠야만 세포막의 구멍을 통해서 세포로 들어갈 수 있기 때문입니다.

우리 몸의 세포는 여러 가지 다양한 종류가 있습니다. 신경 세포도 있고, 뼈세포도 있으며, 근육세포, 표피세포 등등 열 손가락으론 다 꼽지도 못할 만큼 많은 종류가 있습니다. 이 세포들 모두는 동일한 종류의 세포막을 가지고 있는데, 이 막은 대부분의 물질이 자유롭게 드나들지 못하도록 하는 역할을 합니다. 집으로 치면 벽의 역할을 하는 거지요. 하지만 세포가 살아서 움직이려면 필요한 성분을 받아들이기도 하고, 필요 없는 걸 버리기도 해야 합니다. 이를 위해서 세포막 곳곳에는 막단백질이란 물질로 된 통로가 있습니다. 그런데 이 통로는 굉장히 작아 단백질이나 지방, 녹말과 같은 거대한 분자는 절대로 통과할 수 없습니다. 마치 우리 집 현관으로 사람은 드나들 수 있어도 트럭은 절대로 지나가지 못하는 것처럼 말이죠.

그래서 소화가 필요한 겁니다. 단백질은 아미노산으로, 지방은 지방산과 글리세롤로, 녹말은 포도당으로 분해되어서야 흡수가 되는 것이죠.

그럼 우리가 효소를 먹는다면 우리 몸에선 어떤 일이 일어날까요? 앞서 효소는 대부분이 단백질로 구성되어 있다고 했습니다. 이 효소는 위에 들어가서 펩신으로 한 번 공격을 당해 여기저기가 끊깁니다. 그리곤 십이지장으로 가겠지요. 여기서도 트립신에 의해 다시 이곳저곳이 끊깁니다. 그리곤 소장으로 가지요.

마찬가지로 펩티데이스에 의해 마지막 연결고리까지 끊겨 결국 아미노산이 됩니다. 결국 우리가 효소식품을 먹는다고 해도 몸이 흡수하는 것은 효소를 만들었던 원료인 몇 가지 종류의 아미노산과 아주 일부의 보조효소로 이용되는 바이타민이나 금속 성분일 뿐인 겁니다.

그래도 그 원료가 있으면 우리 몸에 좋지 않겠냐는 생각을 할 수도 있습니다. 우리 몸이 필요로 하는 아미노산은 보통 열 가지 종류입니다. 사실 더 많이 있지만, 나머지는 이 열 가지 아미노산으로 다시 만들 수 있습니다. 이 열 가지 아미노산을 필수 아미노산이라고 합니다. 우리가 만약 완전히 채식만 한다면 이런 아미노산 중 일부가 부족할 수 있습니다. 그러나 채식주의자가 아니라면 매일 먹는 계란이나 우유, 멸치, 생선조림, 돼지고기, 소고기 등을 통해 이는 충분히 섭취가 가능한 것입니다. 따로 효소식품을 먹을 이유가 없는 거지요. 저라면 비싼 돈 주고 효소식품을 먹기보다는 된장, 간장, 치즈, 유산균 발효유, 두부, 계란 등 단백질과 아미노산이 풍부한 음식을 골고루 먹는 걸 택하겠습니다.

콜라겐이 피부에 그렇게 좋다면서요?

한 때 "먹지 마세요. 피부에 양보하세요"란 광고 문구가 꽤 시선을 끈 적이 있습니다. 이렇게 피부에 바르면 좋다는 것 중에 콜라겐이 있지요. 콜라겐은 일종의 단백질입니다. 우리 몸 구석 구석에서 발견할 수 있고, 또 거의 모든 동물에게 있습니다. 콜라 겐 자체도 한 종류가 아닙니다. 콜라겐 1은 피부, 힘줄, 혈관 등 각종 관, 장기, 뼈에 분포하며, 콜라겐 2는 연골의 주성분이고, 콜라겐 5는 세포 표면이나 머리카락, 태반 등에 존재합니다. 젤 리를 만드는 젤라틴이란 성분도 이 콜라겐을 추출하여 만든 것이 지요. 주로 족발, 사골국물, 닭발, 돼지 껍데기, 도가니탕 등 뼈 나 관절, 피부를 재료로 한 음식물에 많이 포함되어 있습니다. 흔히 설렁탕이나 곰탕을 먹을 때 입술이 달라붙는다고들 표현하는데 바로 이 콜라겐의 질감을 느끼는 것이지요. 콜라겐 자체가 다른 물질들과 잘 결합하는 성질이 있기 때문입니다. 어원 자체도 그리스어의 Kólla에서 유래하는데 이는 접착제glue란 뜻입니다. −γέν(gen)은 생산을 의미하지요. 옛날에 아교를 얻기 위해 동물의 피부와 힘줄을 끓이는 과정 중 발견된 것에서 유래합니다.

종류도 다양해서 현재까지 발견된 종류만 거의 30가지에 달하는데 인간에게서 흔히 볼 수 있는 건 앞서 말씀드린 것처럼 다섯 종류입니다. 또한 우리 몸에 있는 단백질 중 25%에서 35%의 비율을 차지합니다. 가장 많지요. 그중에서도 콜라겐 1이 제일 많아서 우리 몸의 콜라겐 중 90% 정도를 차지합니다.

쉽게 말해서 콜라겐은 우리 몸에 아주 중요한 단백질이란 거지요. 특히나 피부나 힘줄 등에 많이 함유되어 있기 때문에 피부 건강을 유지하기 위해선 필수적인 성분입니다. 그래서 피부에 좋은 콜라겐을 발라주면 피부가 흡수해서 피부미용에 좋을 거라며 화장품에 콜라겐이 들어있다고 선전하기도 합니다.

하지만 앞서 효소식품에서도 밝혔듯이 단백질은 워낙 덩치가 크다 보니 우리 몸에서 그냥 흡수가 되지 않습니다. 더구나 콜라겐은 단백질들 중에서도 큰 편에 속하는 녀석이지요. 우리 피부의 세포들도 다른 세포와 마찬가지로 세포막을 통해서 물질을 흡수합니다. 따라서 세포막을 통과할 수 있는 정도의 크기가 되려면 콜라겐 자체도 아미노산으로 분해가 되어야 가능하다는 뜻입니다. 만약 우리 피부 위에 바른 콜라겐이 피부세포막을 통해 직접 흡수될 수 있다면, 바이러스 같은 경우도 아주 쉽게 들어올 수 있을 겁니다. 아마 그런 피부라면 순식간에 바이러스성 질병에 감염되겠지요. 그렇지 않다는 것은 콜라겐 자체도 '절대로' 피부를 통해선 흡수될 수 없다는 뜻입니다. 더구나 콜라겐이 필요한 건 피부 중에서도 진피층인데 진피층 위에는 표피층이 세포 4겹 정도로 두껍게 자리 잡고 있어서 거기까지 콜라겐이 닿는다는 건 완전히 불가능한 일이지요.

물론 상처가 난 부위에 콜라겐을 바른다든가 아니면 콜라겐을 피하 주사로 주입하는 등의 방법을 사용할 순 있습니다만 일반적인 피부상태에서는 백날 발라봤자 아무 소용도 없는 일입니다. 흡수가 잘 되게 따뜻한 물로 세안을 하고 수증기를 충분히 쐬어 모공을 열고 바르면 효과가 훨씬 좋다고 하는 것도 동일한 측면에서 별 의미가 없습니다. 달팽이 추출 물질을 함유하고 있다는 로션 등도 결국 마찬가지입니다. 물론 로션의 다른 성분이 피부 상태를 개선할 수 있겠습니다만 달팽이 추출 물질의 대부분인 콜라겐은 그런 작용이 없다는 것이죠.

그러면 콜라겐을 바르지 않고 먹으면 피부가 좋아지지 않겠냐는 생각을 할 수 있습니다. 흔히들 닭발이나 도가니탕 등이 피부 미용에 좋다고 이야기합니다. 그런데 문제는 콜라겐을 섭취하더라도 이게 몸에서 직접 흡수가 되지 않는다는 것입니다. 앞서 효소식품에서 말씀드렸듯이 모든 단백질은 낱낱이 아미노산으로 분해가 되어 흡수됩니다. 그리고 이렇게 흡수된 아미노산은 혈관을 타고 이동하고, 모세혈관에서 주변의 세포로 빠져나가지요. 그래서 아미노산이 필요한 신체 기관으로 갑니다. 따라서 콜라겐도 마찬가지로 아미노산으로 분해되어 온 몸을 떠돌게 되는 것입니다. 물론 그중 일부는 인체 내에서 다시 콜라겐으로 합성될 수도 있습니다. 결국 아주 미미한 피부 개선 효과는 있을 수 있는데 이는 굳이 콜라겐이 아니라도 상관이 없습니다. 닭발이나 도가니탕 대신 계란을 매일 두 알씩만 먹어도 우리 몸에 필요한 아미노산은 모두 얻을 수 있다는 말이죠. 더구나 콜라겐은 다른 단백질에 비해 소화가 잘 되지도 않습니다. 우리가 먹는 콜라겐의 경우 90% 정도가 그대로 똥으로 나옵니다. 즉 10% 미만의 양만 흡수된다는 것이죠. 아미노산을 제대로 섭취하려면 차라리 우유나 생선, 계란, 두부 등이 훨씬 좋은 선택입니다.

콜라겐으로 뭔가 해보려는 분들에게 마지막으로 안타까운 사실 하나를 더 알려드립니다. 콜라겐은 아미노산 세 개가 연결된 기본구조가 되풀이되는 형태의 단백질인데, 이 세 가지 종류의 아미노산은 보통 글리신과 프롤린, 그리고 그 외 콜라겐의 종류마다 다른 한 가지입니다. 그런데 이들 모두 필수 아미노산이 아닙니다. 즉 우리 몸 안에서 합성이 가능한 종류라는 이야기지요. 어찌 보면 당연합니다. 우리 몸에서 가장 많은 양을 차지하는 단백질이 콜라겐이니 만약 이를 몸 안에서 생성하지 못해 부족해지면 생명이 위험할 수도 있으니까요. 따라서 인간을 비롯한 대부분의 동물들은 콜라겐의 원료가 되는 아미노산을 신체 내에서 합성할 수 있도록 이미 몇백만 년 전에 진화했던 거지요. 따라서 아주 특별한 상황이 아니면 우리 몸에선 콜라겐이 부족할 이유가 없습니다. 더구나 단백질의 대부분을 콜라겐으로 먹을 경우, 우리 몸에 꼭 필요한 필수 아미노산이 오히려 부족해질 수 있습니다. 필수 아미노산은 앞서 열거한 달걀, 콩, 생선, 고기 등을 조금씩만 섭취해도 충분합니다.

결국 바르는 콜라겐은 보습 로션 이상의 효과는 없고, 먹는다면 단지 쫄깃한 그 질감을 즐기는 것이 가장 중요한 이유일 뿐입니다. 아, 흡수가 잘 되질 않으니 콜라겐이 다이어트에는 효과가 있을 수도 있겠습니다. 그러나 불행히도 콜라겐을 많이 함유한 식품은 대부분 지방 성분도 풍부한 편입니다.

육각수와 수소수

예전에 육각수六角水가 유행한 적이 있습니다. 액체 상태의 물 분자는 단독으로 존재하지 않고 서로 연결되어 있는데 이때 육각형 고리 구조를 가진 물이 우리 몸에 가장 좋다고 주장한 것이지요. 꽤 유명한 우리나라 과학자 한 분이 역시 아주 유명한 출판사를 통해 출간한 『육각수의 수수께끼』로부터 붐이 일었습니다. 그분은 이미 작고하셨지만 그분이 남긴 '육각수'는 현재도 육각수 정수기, 육각수 샤워기 등을 통해 계속 퍼지고 있습니다. 하다못해 2인조 보컬그룹 이름으로도 쓰였죠.

물 분자는 액체 상태나 고체 상태에서 다른 물 분자와 수소

결합을 합니다. 이때 한 물 분자가 다른 물 분자와 최대 4개까지의 수소결합을 할 수 있습니다. 고체, 즉 얼음일 경우는 결정 내의 거의 모든 분자가 4개의 수소결합을 하며 이 경우 육각형의 고리 모양으로 결정구조가 만들어집니다. 이때 육각형 고리 내부에 빈 공간이 생기기 때문에 얼음이 물보다 밀도가 낮아져 물 위에 뜰 수 있는 것이죠. 그러나 액체 상태, 즉 물의 경우는 물 분자 하나당 2~4개 사이의 수소 결합을 하고 있습니다. 따라서 액체 상태에서는 물 분자들이 이루는 구조가 육각형 고리 구조, 오각형 고리 구조, 그리고 사슬 구조 등으로 다양합니다.

따라서 어떤 물은 육각형 구조가 많고 어떤 물은 오각형 구조가 더 많을 수도 있습니다. 그런데 한국과학기술원(KAIST)의 전무식 박사가 1986년 세계 최초로 육각수를 마심으로써 건강해지고, 노화를 더디게 하며, 여러 질병을 고칠 수 있다고 주장합니다. 워낙 세계적인 과학자셨으니 이를 믿으셨던 분도 많았고 육각수 붐을 타고 육각수를 만드는 정수기나 샤워기, 냉장고 등을 파는 기업도 많았습니다. 물론 현재도 팔고 있지요.

그럼 육각수는 정말 좋은 걸까요? 안타깝게도 현재까지 육각수가 좋다는 제대로 된 연구결과는 단 하나도 없습니다. 전무

---

*   수소결합이란 한 분자내의 수소가 다른 분자의 산소, 질소, 플루오린과 하는 분자간 결합입니다. 분자간 결합 중에서는 가장 강합니다.

식 박사조차도 책만 발간했지 관련된 연구를 담은 논문은 발표하지 않았습니다. 책이야 출판사와 저자만 합의하면 출간할 수 있지만, 논문은 다릅니다. 학술지에 논문을 발표하려면 동료 평가와 검토를 거쳐야 하는데, 누구도 입증되지 않은 사실의 발표에 동의하지 않았을 터이니까요. 그 외에 육각수의 효능에 대해 이야기하는 것은 육각수와 관련된 상품을 파는 회사뿐입니다. 처음 전무식 박사가 육각수 책을 출간하고 붐이 일었을 때 언론들이 이를 기사화하고, 방송에서도 이야길 했지만 이제 아무도 진지하게 그를 다루진 않고 있지요. 그러나 아직도 육각수 제품을 만드는 회사와 일부 사람들을 중심으로 육각수가 좋다는 이야기가 전해지고 있는 것뿐입니다.

육각수가 정말 먹고 싶다면 아주 간단한 방법이 있습니다. 얼음을 먹으면 됩니다. 앞서 얼음은 모두 육각 결정을 이루고 있다고 했지요. 어떤 육각수도 얼음만큼 많은 육각형 고리를 가지고 있지 않습니다. 정수기도 필요 없습니다. 그저 냉장고 냉동실의 얼음이면 충분합니다. 육각수로 샤워하면 피부가 좋아진다고요? 그럼 얼음을 몸에 문지르면 됩니다. 그만큼 확실하게 육각수인 건 없지요. 물론 동상에 걸릴 각오는 하셔야 할 겁니다.

혹시나 정말 이 글을 보고 얼음을 드실까 싶어 말씀드립니다. 얼음이든, 아니면 육각수 정수기에서 나온 물이든 우리 몸에 들어가면 고리의 갯수는 다 소용없습니다. 앞서 물은 육각형이나 오각형 고리를 만들기도 하고, 고리가 아닌 매듭 상태를 만들기도 한다고 했습니다. 그런데 이런 구조가 계속 유지되는 것이 아닙니다. 물은 액체입니다. 흐르죠. 물 내부에선 1초에도 수십 수백 번 서로 간의 결합이 깨지고 다시 생깁니다. 이렇게 결합이 생기고 깨지기를 반복하는 것이 액체니까요. 그리고 온도가 변하면 당연히 구조 간의 비율도 변합니다. 물은 온도가 내려갈수록 분자간의 거리가 가까워지고, 온도가 올라갈수록 분자간 거리가 멀어집니다. 그리고 온도가 내려가서 거리가 가까워지면 육각형 구조가 많이 생기지요. 반대로 온도가 올라가면 육각형 구조가 깨집니다.

따라서 얼음이든 육각수든 우리 몸에 들어와서 온도가 올라가면 육각형 구조가 깨지는 겁니다. 구조가 깨지기 전에 잽싸게 흡수할 수 있으면 좋겠지만 우리 몸의 구조는 그렇지 않습니다. 우리가 마신 물은 입이나 식도, 위에선 거의 흡수가 되지 않고 소장에 가서야 흡수되기 때문입니다. 그리고 거기에 갈 때쯤이면 물은 이미 우리 몸의 체온 정도로 온도가 올라갑니다. 즉 육각형 고리 구조는 이미 소용이 없는 거지요. 따라서 육각수를 마셔도 우리 몸에 흡수될 때쯤이면 이미 그 구조는 깨진 다음입니다. 더구나 소장에 흡수된 뒤에도 물은 긴 여행을 합니다. 소장의 융털에서 흡수된 물은 혈관으로 들어가 간문맥을 타고 간으로 갔다가 다시 간에서 대정맥을 타고 심장으로 갑니다. 심장으로 간 소중한 육각수는 다시 폐동맥을 타고 폐로 갔다가 폐정맥을 타고 다시 심장으로 옵니다. 그리고 나서야 비로소 대동맥을 통해 심장을 빠져나가 모세혈관으로 갔다가 온몸의 세포로 가게 되지요. 즉 육각형 구조로 뭔가 도움을 주고 싶어도 혈관을 타고 온몸을 이동하는 과정에서 그 구조는 수천 번 이상 깨지고 다시 결합하는 과정에서 변화될 수밖에 없는 겁니다.

이런 사실에 대해 어떤 사람들은 자화magnetized육각수는 깨지지 않는다고 합니다. 물론 자화육각수라는 걸 만드는 제품을 파는 사람들이지요. 또 다른 사람들은 한 번 육각수가 되면 물이 그걸 기억한다고 합니다. 먼저 육각형 구조는 자기장에 의해 구성되든 아니면 온도가 낮아서 구성되든 전혀 다를 바가 없습니다. 물 분자는 모두 수소 두 개와 산소 한 개로 구성되는데 우주의 모든 수소는 서로 완전히 똑같고, 우주의 모든 산소는 서로 완전히 똑같습니다. 따라서 지구뿐 아니라 우주 전체의 모든 물 분자는 서로 단 한 가지도 다른 모습을 가지고 있지 않습니다. 그리고 이들이 만드는 구조는 애초에 물 분자 자체의 특성에

___

*　　물론 동위원소라고 원자핵의 중성자 개수가 서로 다른 원소들이 있습니다만 이는 여기서 다루지 않기로 합니다. 별 의미가 없기 때문입니다.

의해서 결정되기 때문에 자화든 온도 변화든 만들어진 육각수가 서로 다르다는 건 어불성설입니다.

　그리고 한 번 육각수가 되면 물이 그걸 기억한다는 주장에 대해선 먼저 한숨만 나올 뿐입니다. 물이 생명도 아니고 하다못해 형상기억합금도 아닌데 어떻게 육각형을 기억하겠습니까? 이런 말이 틀렸다는 걸 증명해야 할 필요성조차 느끼지 못하겠지만 굳이 몇 마디를 보태 보겠습니다. 먼저 지구상의 거의 모든 물은 한 번 이상 육각수였던 때가 있습니다. 지표면의 물은 바다에 가장 많이 있습니다. 그리고 이 바닷물은 2,000년을 주기로 바다 전체를 한 번 돕니다. 이를 심층순환, 혹은 열염순환이라고 합니다. 이 과정에서 바닷물은 북극과 남극을 오가게 되지요. 그리고 겨울이 되면 결빙이 됩니다. 그뿐이 아닙니다. 물은 바다 표면에서 증발하여 구름이 되는데 특히 우리나라와 같은 온대지역의 구름은 위쪽이 대부분 빙정이라는 얼음으로 이루어져 있습니다. 거기에 수증기가 달라붙으면 이쁜 육각형 모양의 눈이 됩니다. 이 눈이 내리다 녹으면 비가 되고, 녹지 않으면 그냥 눈이 됩니다. 우리나라에 내리는 비의 90% 이상은 눈이 녹은 거지요. 당연히 육각수였던 때가 있습니다.

　두 번째로 육각형을 기억한다면 어떤 물 분자와 육각형이 었는지도 당연히 기억하겠지요. 하지만 물 분자 하나가 이전에 육각형을 만들었던 동료 물 분자와 정확히 같이 만날 확률은 대단히 낮아서 거의 불가능합니다. 여러분이 로또를 1년 52주 연속으로 1등 할 확률보다도 낮습니다.

이번엔 수소수

육각수의 붐이 좀 잠잠해지는가 싶었는데 얼마 전부턴 수소수 붐이 또 일어나고 있습니다. 수소가 녹아있는 물 정도로 이해가 되는데 이 수소수를 마시면 인체 내 활성산소를 없애 건강에 아주 좋다는 겁니다. 1990년대 일본 하야시 히데미츠 박사가 활성산소를 없애는 가장 좋은 방법이 수소를 이용하는 것이라고 주장하고, 뒤이어 오오타 시게오 교수가 2007년 5월 수소가 활성산소를 제거해 각종 암을 치료할 수 있다고 발표합니다. 이후 일본에서 수소수가 마시는 물의 형태로, 혹은 정수기나 화장품 등으로 시판되면서 인기를 끕니다.

그리고 한국에 도입되지요. 일본의 두 사람처럼 이를 적극적으로 소개하고 수소수 발생장치를 만든 이도 박사입니다. 그것도 공학박사지요. 이런 전문가들이 수소수가 좋다고 하니 다들 믿기 시작합니다. 과연 수소수가 좋은 건 맞나요?

먼저 수소수를 만드는 방법을 살펴봅니다.

총 네 가지 방식이 있네요. 먼저 마그네슘 합금을 물속에 담그면 수소가 발생하는 원리입니다. 두 번째는 수소가스를 고압으로 충전하는 방식입니다. 세 번째는 전기분해식입니다. 물은 다들 아시다시피 수소와 산소로 이루어져 있습니다. 이 물을 전기 분해해서 수소가 생성된 부분만 따로 모으는 거지요. 네 번째는 캡슐 타입이군요. 칼슘염을 고압에서 분말로 만든 뒤 캡슐에 넣어 파는 겁니다. 주성분으로는 칼슘, 마그네슘, 철, 나트륨, 인, 망간으로 되어 있습니다.

결국 금속을 물속에 넣어 만드는 방식과 전기 분해, 그리고 수소가스를 넣는 방식입니다. 반응성이 큰 금속은 물에 닿으면 산화환원반응을 통해 전자를 잃고 이온이 됩니다. 이때 전자를 얻은 수소가 물에서 빠져나오는 거지요. 이렇게 빠져나온 수소는 바로 옆의 수소와 반응하여 수소 분자가 됩니다. 앞서 얘기했던 물의 전기 분해 방식과 수소가스를 물속에 직접 넣는 방식까지, 이 세 가지 방식 모두 수소분자가 발생하는 방식이 되겠습니다.

물론 금속을 넣거나 전기 분해를 하는 방식에선 수소이온도 일부 있긴 합니다. 이런 수소 분자를 만드는 방식의 첫 번째 문제는 수소가 물에 잘 녹지 않는다는 겁니다. 수소이온 형태로 존재한다면 당연히 물에 잘 녹아있겠지만 수소 분자의 형태로는 거의 녹지 않습니다. 더구나 수소 분자와 같은 기체는 온도가 높을수록 용해도가 더 낮아집니다. 따라서 수소 분자를 함유한 물은 아주 차가운 상태로 마셔야 하겠습니다. 더구나 이런 수소수는 운반도 힘듭니다. 일반적인 압력에서는 금방 빠져나가 버릴 테니까요. 고압 용기에 넣어서 운반해야 하는데 제가 본 제품 중에는 그런 경우가 없네요.

그렇다면 수소 이온의 형태로 녹이면 될 터인데 왜 굳이 수소 분자의 형태로 만들까요? 이유는 수소이온이 다량으로 녹아 있는 물은 산성을 띠기 때문입니다. 원래 산acid의 처음 정의가 '물속에 녹아 수소이온을 발생하는 물질'입니다.* 우리가 아는 산들, 염산, 황산, 질산, 아세트산 등이 모두 이에 해당하는 것입니다. 그리고 우리가 먹는 음식 중에도 산성을 띠는 식품들이 있습니다. 레몬, 식초, 귤, 신 김치, 탄산음료 등이 그렇습니다. 모두 신맛이 나지요? 왜냐면 우리 혀가 신맛을 느끼는 것이 바로 수소이온을 감지하는 것이기 때문입니다. 물론 탄산음료의 경우는 신맛이 거의 느껴지지 않는데 이는 약한 산성을 띠는데다가 수소이온의 함유량도 적기 때문입니다. 만약 이런 수소이온을 공급하는 거라면 차라리 감식초나 홍초 같은 마시는 식초가 훨씬 나은 방법이 될 겁니다.

그리고 결과적으로 수소 분자가 활성산소를 제거해준다는

---

* 지금은 아주 협의의 정의로 쓰이고 있으며 산의 정의는 더 확장되었습니다.

논리 자체가 우습습니다. 앞서 육각수에서 말씀드린 것처럼 우리가 마신 물은 온몸으로 퍼지기 전에 먼저 간과 심장을 지나 폐로 갑니다. 폐에선 혈관 내에 있던 기체들이 모세혈관에서 허파꽈리 쪽으로 빠져나가지요. 우리가 들이마신 공기와 혈액 중의 기체 간의 농도차에 의해서 빠져나갑니다. 이를 '분압차에 의한 확산 현상'이라고 합니다. 산소는 바깥 공기가 농도가 높고 폐 속 혈액의 농도가 낮으니 밖에서 안으로 들어오고, 이산화탄소는 혈액 중의 농도가 더 높아서 밖으로 빠져나갑니다. 그런데 대기 중엔 수소 기체가 거의 없습니다. 따라서 혈액 속의 수소 기체는 호흡 과정에서 모두 빠져나가고 맙니다. 결국 폐를 돌아 다시 심장을 통해 온몸으로 가는 혈액에는 수소 기체는 거의 없게 되는 거죠. 우리가 수소수를 아무리 많이 마셔도 별 소용이 없는 이유입니다.

수소수의 효능을 선전하기 위해 '산화환원전위Oxidation Reduction Potencial'같은 어려운 용어도 사용하고 항암치료 과정에서 발생하는 활성산소 이야기도 하지만 결국 육각수와 마찬가지로 과학과는 1억 광년쯤 거리가 떨어진 이야기입니다. 활성산소를 없애는 항산화 효과는 차라리 비타민 E, 즉 토코페롤을 먹는 편이 훨씬 이롭습니다. 과학적으로 검증된 항산화의 가장 좋은 방법입니다.

게르마늄 팔찌의 비밀

　언제부턴가 야구 경기를 보다 보면 선수들이 목에 꽤 굵은 목걸이를 하고 있는 걸 자주 볼 수 있게 되었습니다. 흔히들 몸에 좋다고 하는 게르마늄으로 만든 목걸이입니다. 운동선수만 아니라 나이 드신 분들 사이에서도 게르마늄 목걸이와 팔찌가 꽤 유행을 타고 있습니다.

　그런데 저는 삐딱해서인지 게르마늄이 어떤 효능이 있는지, 과연 있기는 한 건지가 궁금했습니다. 더구나 가격도 몇십만 원씩 하는 굉장히 고가의 물건이더군요. 거기다 팔찌나 목걸이뿐만 아니라, 게르마늄 밥솥, 게르마늄 훈증기, 게르마늄 사료, 게르마늄 비료, 게르마늄 쌀, 게르마늄 사과, 오이, 물, 베

개, 토시, 생수통 등 없는 게 없습니다. 얼마나 효능이 좋길래 저렇게 다양한 제품이 있는 걸까요?

게르마늄 상품을 파는 업체들의 홍보문구를 종합해 정리해 보면 다음과 같은 효능이 있다고 합니다.

1. 통증을 완화하는 효과를 보인다고 합니다. 반도체의 특성을 가지고 있어 신경세포 안에서 흐르는 전자기의 움직임을 조절하는 형태로 통증을 완화한다는 거죠.
2. 면역력을 높이기도 한답니다. 유해 산소를 제거하여 면역력을 높이고 이를 통해 바이러스 감염을 억제한다고 합니다.
3. 고혈압을 예방한다고도 하네요. 체내 산소 공급을 촉진시켜 혈액의 산성화에 따른 점도 상승을 막아 혈관벽이 좁아지는 걸 막아준다고 합니다.
4. 또한 암의 원인이 체내 산소 부족인데 수소이온으로 가득한 암세포에 산소를 공급함으로써 자연 치유력을 향상시킨다고도 합니다.

저 말대로라면 엄청난 효능을 보이는 거죠. 그런데 저런 효과가 나려면 사실 복용을 해야 하는 것 아닐까요? 그래서 살펴

과학이라는 헛소리

봤더니 게르마늄을 이용하는 방법이 크게 복용하는 것과 착용하는 것의 두 가지 형태가 있더군요. 복용하는 게르마늄은 유기 게르마늄이란 형태를 취하고 있습니다. 무기 게르마늄은 인체에 독성을 보인다고 하는군요. 이에 대해서는 여러 가지 논문 자료들이 있습니다. 그런데 대부분의 연구 자료가 게르마늄 제품을 만드는 기업의 의뢰를 받아서 만든 것들이었습니다. 그리고 그 연구 논문이 어느 정도 신뢰성을 지닌 학술지에 발표된 것은 아직 제가 파악한 바로는 없습니다. 그저 연구 결과를 언론을 통해서 발표했을 뿐 입니다. 즉 "게르마늄 제품 만드는 회사의 의뢰를 받아 그 제품을 가지고 연구해봤더니 효과가 있더라."하는 발표는 있지만 그 연구가 검증되었는지는 아직 확인되지 않고 있다는 말이지요. 뭐 그래도 일단 미식품의약청FDA 심사를 통과했다니 먹어서 효과가 있는지는 몰라도 일단 복용하는 것이 몸에 나쁘지는 않을 듯합니다.

　　그런데 게르마늄을 먹어서 효과를 볼 수 있다고 치더라도 (이마저도 정확히 확인된 것은 아닙니다만) 차고 다닌다고 저런 효능이 나타날 수 있을까요? 마치 인삼을 먹으면 몸에 좋다고 인삼을

---

* 　　실제로 기능성 식품을 만드는 회사는 자사 제품의 홍보를 위해서 연구소 등에 의뢰해 연구를 추진하는데, 이런 경우 연구비를 기업이 제공하기 때문에 기업체의 의도에 반하는 연구 결과를 발표하기가 쉽지 않습니다. 또 기업체에서 여러 연구 결과 중 자기 입맛에 맞는 결과만 발표하기도 합니다. 물론 연구 결과가 「사이언스」나 「셀」 같은 권위 있는 학술지에 발표가 되었다면 그야말로 대박이겠지요. 그러면 신문이나 포털의 과학기술란에 도배가 됩니다.

목에 찬다고 몸에 좋을 수 없는 것과 같지 않을까 하는 겁니다. 실제로 저 효능이 어떤 작용을 통해서 이루어진 것인지에 대해서는 어떤 회사의 홍보물을 봐도 알 수가 없더군요. 심지어 관련 논문이나 연구 자료도 찾아볼 수가 없었어요. 있는 건 단지 하나 '원적외선'이었습니다.

아, 첫 번째 문구에 나오는 반도체의 특성이 있다는 점 하나가 더 있었습니다. 정확하게는 진성 반도체의 특성이라고 해야 하죠. 그러나 진성 반도체의 특성을 보이는 건 게르마늄 말고 실리콘도 있습니다. 실리콘이야 워낙 이곳저곳에 많이 쓰이고 가격도 쌉니다. 그런데 실리콘에서 동일한 효과가 있다는 이야긴 어디에도 없습니다. 어떤 기능을 하는지 한 번 살펴봅시다.

먼저 전류 증폭 기능이 있다고 하는군요. 우리 몸에 흐르는 미세전류를 증폭시켜 원활한 신호체계를 유지하는 데 도움을 준다고 합니다. 그래서 뇌로 신호가 빠르게 가도록 한다는 겁니다. 그런데 뇌로 전달되는 신호는 신경세포를 통해서 전달되죠. 보통 늦어도 0.3~4초 안에 전달됩니다. 이 신호 전달 시간은 신경 세포 내의 전기 신호가 전달되는 시간보다 신경세포와 세포 사이의 시냅스에서 화학물질이 분비되어 전달되는 과정(화학적 전달과정)에 의해 결정됩니다. 이 과정이 전기 신호 전달 과정보다 훨씬 더 오래 걸리거든요. 따라서 설령 전류 증폭이 되어도 (생체 전류가 증폭되는지도 의문이고, 또 게르마늄 팔찌나 목걸이로부터 먼 곳도 가능한지도 의문입니다만) 그것이 신경세포 사이의 화학적 정보 전달과정에는 영향을 끼치지 못할 것입니다.

두 번째로 정류 기능이 있다고 합니다. 교류 전류를 직류 전류로 바꾸어주는 기능이라고 합니다. 그래서 모세혈관의 혈류 상태를 개선해주고 일정한 방향으로 빠르고 신속하게 흐르게 도와준다고 하네요. 이 이야길 듣고 저는 한참 웃었습니다. 일단 정류 기능을 하려면 앞서 자랑스럽게 주장했던 진성 반도체로는 불가능합니다. 정류 기능은 '불순물이 섞인' P형 반도체와 N형 반도체 두 개를 결합한 다이오드가 되어야 가능합니다. 이건 고등학교 1학년 때 모든 대한민국 학생이 배우는 내용이지요. 그런데 진성 반도체가 어떻게 이걸 해내겠습니까? 설령 이런 기능을 해낸다고 해도 문제는 우리 인체에는 교류 전류가 흐르지 않는다는 거죠. 흐르지도 않는 교류를 무슨 수로 직류로 바꾸나요? 거기다 그게 어떻게 모세혈관의 혈류를 한쪽으로 흐르게 하지요? 모세혈관의 피는 원래가 한쪽으로만 흐르는 건데요. 거기다 피가 전류의 흐름을 타고 방향을 정하나요? 이쯤 되면 인간이 무슨 전기로 움직이는 인공지능 로봇 정도 되는 거지요.

세 번째로 스위칭 기능이 있답니다. 전류를 차단하거나 흐르게 해주는 기능으로 우리 몸에서 보내지는 여러 가지 전기적 신호를 상황과 필요에 따라 차단 또는 흐르게 하는 기능이라는데… 일단 이 스위칭 기능은 정류 기능과 동일하게 다이오드가하는 것이지 진성 반도체가 하지 않습니다. 더 말할 필요도 없는이야기지요.

에너지 변환 기능도 있다고 하는군요. 전기에너지, 열에너지, 빛에너지 등으로 상황에 따라 적절하게 변환해주는 기능으로 피로를 전보다 훨씬 덜 느끼게 된다는데… 아마 압전소자나광전소자 모터 등에서 어떻게 연결한 것 같은데 이런 부품들 또한 진성 반도체를 쓰지 않습니다.

사실 이렇게까지 길게 틀린 이유를 써야 하는지에 대해서도 의문이 들었지만, 게르마늄 팔찌와 게르마늄 효능 등으로 검색해보니 지금도 버젓이 이런 기능을 홍보하면서 팔찌 하나에 수십 만 원씩 팔더군요. 더구나 '진성 반도체'이기 위해선 99.9998%의 순도를 가져야 하고, 그래서 비싸다고 하니 이런 말도 되지 않는 봉이 김선달식 사기를 뿌리 뽑기 위해서라도 꼼꼼하게 확인해봤습니다.

이런 진성 반도체라는 점을 제외하면 게르마늄의 효능은원적외선에서 비롯된 것입니다. 물건 파는 이들의 논리대로라면말이지요. 그럼 원적외선은 어떤 효능을 지니고 있는 걸까요?판매 기업이나 개인들의 의견을 취합해보면 다음과 같습니다.

1. 인체를 따뜻하게 해 혈액 순환을 돕고 땀을 내어 유독한 물질을 배출시키는 데 효과적이다.
2. 인체 내 물 분자의 공진 현상을 촉진시켜 세포를 활성화하고 신진대사를 촉진시킨다.
3. 유해한 물질을 제거할 수 있으므로 물과 식품이 신선하게 유지되고 세균, 바이러스, 암세포 활동 저하에 효과적이다.

뭐 이 정도만 해낼 수 있다면 사람에 따라선 수십만 원 하는 팔찌가 아깝지 않을 수도 있습니다. 그러나 이 말들은 교묘한 거짓말입니다.

먼저 원적외선이 뭘까요? 전자기파의 일종입니다. 일종의 파동이지요. 그 파동을 진동수와 파장의 크기에 따라 편의상 나눕니다. 진동수가 큰 순서대로 감마선, 엑스레이, 자외선, 가시광선, 적외선, 전파로 나눕니다. 원적외선은 적외선 중에서도 파장이 길고 진동수가 작아 전파와 가까운 쪽에 있는 적외선을 말합니다. 반대로 적외선 중에서도 파장이 짧고 진동수가 커서 가시광선과 가까운 쪽에 있는 건 근적외선이라고 합니다.

우주에 있는 모든 물체는 전자기파를 내놓습니다. 태양도 내놓고 우리 사람도 내놓고 하다못해 돌멩이도 내놓습니다. 그런데 이때 어떠한 종류의 전자기파를 어떠한 세기로 내놓느냐는 그 물체의 표면온도에 의해 결정이 됩니다. 실제 조사를 해보면 태양같이 표면온도가 6,000도 정도 되는 물체는 우리 사람처럼 표면온도가 36도 정도인 물체보다 훨씬 강하고 많은 종류의 전자기파를 내놓는다고 합니다.

그래서 평소에 햇볕을 쪼이면 체온이 올라갑니다. 태양으로부터 온 빛이 우리 몸을 덥히니까요. 그리고 간단한 실험을 통해 우리 몸도 전자기파를 내놓고 그 전자기파가 주변을 덥히는 걸 확인할 수 있습니다. 두 손을 손바닥을 마주하고 약 0.5센티미터 정도 떨어트려 마주 보게 하고 잠시 기다려 보세요. 조금만 지나면 두 손바닥이 따뜻해지는 걸 느낄 수 있습니다. 왜냐하면 왼손바닥에서 나온 적외선이 오른손바닥을 덥히고, 오른손바닥에서 나온 적외선이 왼손바닥을 덥히기 때문입니다. 추운 겨울 강당이나 사무실에 있을 때 사람이 많으면 덜 추운 이유도 마찬가지입니다. 우리 모두가 일종의 적외선 난로인 거지요. 물론 적외선 카메라로 찍어보면 더 확실하게 알 수 있습니다. 원적외선을 낸다는 것이 그리 특별한 일은 아니란 겁니다.

하지만 게르마늄이 다른 물질보다 동일한 조건에서 원적외선을 더 많이 낸다면 좀 특별하다고 할 수도 있지요. 그러나 그렇지도 않았습니다. 일단 팔찌든 목걸이든 사람이 차고 있는 것이니 인체 온도와 비슷한 경우의 방사율을 한 번 살펴보지요. 상명대학교에서 연구한 결과가 있는데요.[1] 지각에 가장 풍부한 산화규소가 0.895이고 산화알루미늄이 0.80, 산화나트륨이 0.903입니다. 게르마늄은 0.892, 아이오딘화게르마늄은 0.895, 산화게르마늄은 0.901이었습니다.[*] 차이랄 것이 없는 거지요.

그러나 이게 끝이 아닙니다. 원적외선이 과연 앞서 말한 저런 효과가 있는 걸까요? 결론적으로 말하자면 아닙니다. 적외선은 전자기파의 일종이라고 했습니다. 이 전자기파는 진동수가 높을수록 에너지도 크고 침투력도 좋습니다. 즉 감마선은 몸을 완전히 관통하고, 엑스레이는 살을 통과하지만 뼈는 통과하지 못하지요. 자외선은 피부를 뚫고 들어와 세포를 파괴할 수 있기 때문에 위험하다고 하지요. 가시광선도 어느 정도는 피부를 통과합니다. 그리고 적외선은 피부 표면을 몇 밀리미터 정도 통과합니다. 그러나 원적외선은 이들보다 더 진동수가 적습니다. 그래서 통과할 수 있는 깊이가 0.2밀리미터입니다. 즉 각질도 다통과하기 힘들지요. 결국 각질만 살짝 덥히는 걸로 끝납니다. 이태리타올로 밀면 깨끗이 사라질 그 각질 말이지요.

따라서 원적외선이 인체 내 물의 공진을 일으킨다는 건 말도 안 되는 이야깁니다. 뚫고 들어가야 뭘 해도 하겠지요. 더구

---

[*]   흑체의 방사율을 1로 놓았을 때의 비교량입니다.

나 그 원적외선의 양도 우리가 얼굴만 돌리면 보이는 태양이 내놓는 양의 수천분의 일도 되지 않는데 말이지요.

한마디로 게르마늄 팔찌나 목걸이를 하기보다는 핫팩을 배나 등에 붙이는 게 훨씬 낫다는 말입니다. 물론 모양은 팔찌가 더 폼 나긴 하겠습니다만.

체크리스트

콜라겐은 피부로 흡수할 수 있다	✖
효소는 몸에서 직접 흡수할 수 없다	⭕
한 번 육각수가 된 물은 그 기억을 가지고 있다	✖
원적외선은 게르마늄이 가장 잘 낸다	✖
진성반도체가 전류증폭과 정류 기능을 가진다	✖

과학이라는 헛소리

2

너의 공포,
나의 수익

공포 마케팅

"당신이 지금 먹고 있는 그 음식에 MSG가 들어 있다는 걸 아시나요? 그 MSG가 얼마나 나쁜 건지 아직도 모르시나요? 여기 천연 재료로만 만든 새로운 조미료가 있습니다." 하는 식의 광고나 홍보를 공포 마케팅이라고 합니다. 말 그대로 소비자들의 공포를 이용하는 마케팅이지요. 주로 건강에 위협을 주는 요소들을 대상으로 하는 마케팅입니다만 그중에는 잘못된 지식에 기초한 비과학적인 것들이 많이 있습니다.

일단 공포 마케팅이란 어감 자체가 좋진 않지요. 하지만 공포 혹은 혐오를 불러일으키는 것이 꼭 나쁜 것만은 아닙니다. 공익광고 중에서도 공포 마케팅을 활용하는 사례는 얼마든지 찾아

볼 수 있습니다. 대표적인 것이 금연 캠페인이죠. 담뱃갑에 선명하게 찍힌 폐암 환자의 모습은 우리에게 흡연의 대가가 일부일망정 대단히 끔찍하다는 것을 보여줍니다. 물론 그 사진만으로 모두 금연을 하진 않지만, 통계를 보면 그런 사진이 담배갑에 있는 경우 담배 매출액이 줄어들더라고 합니다.

또 다른 예로 교통안전 캠페인이 있습니다. 졸음운전이나 과속, 음주운전 등이 일으키는 끔찍한 결과에 대해 알려줌으로써 안전운전에 대한 동기유발을 하는 것이죠. '순간의 유혹, 평생의 후회', 이런 식으로 말이죠.

하지만 이런 공포심 혹은 혐오감을 자극하는 방법으로 자사의 물건 판매를 촉진한다거나 혹은 경쟁사의 물건 구매를 꺼리게 만드는 경우는 문제가 좀 다릅니다. 더구나 그 광고나 홍보가 말하는 내용이 거짓인 경우, 문제는 더욱 심각해집니다.

과학이라는 헛소리

글루텐 프리

요사이 유행하는 글루텐 프리 식품은 대표적인 공포 마케팅의 사례 중 하나일 것입니다. 일단 글루텐이 뭔지부터 알아보겠습니다. 글루텐은 일종의 단백질입니다. 밀가루를 반죽할 때 찰기를 더해주죠. 글루텐이 많으면 반죽의 끈기가 강하고, 적으면 찰기가 없어 뚝뚝 끊어집니다. 그 함량에 따라 밀가루를 강력분이나 중력분, 박력분으로 나누지요. 글루텐이 많은 강력분 밀가루로는 파스타나 빵을 만들고 박력분으론 튀김이나 케이크, 도넛 등을 만듭니다. 일반적으론 어떤 밀가루든 글루텐이 없는 밀가루는 없습니다. 또 글루텐은 밀가루에만 들어있는 것이 아니라 귀리나 보리에도 들어있습니다.

글루텐에 대한 자가 면역 질환인 셀리악 병Celiac sprue을 가진 분들의 경우 글루텐을 먹게 되면 여러 가지 부작용이 나타나긴 합니다. 대표적인 것이 소장 점막의 섬모가 소실되거나 변형되어 영양소의 흡수에 장애가 생기는 질환이지요. 그러나 이런 질환을 가진 이는 매우 드뭅니다. 유전적 요인에 의해 발생하는 질환으로 미국에서는 발병률이 0.5~1%로 추정되고, 우리나라의 경우 단 1명의 사례만 보고가 되었을 정도로 굉장히 드문 병입니다. 즉 유전적으로 우리나라 국민이 이 병에 걸려 있을 확률은 4,000만 분의 1 정도니 안심하셔도 될 듯합니다. 물론 그 외에도 글루텐에 대한 알레르기가 있거나 글루텐 과민증을 가진 경우도 있습니다. 이런 경우엔 글루텐이 든 음식을 먹지 않는 편이 좋겠지요. 그러나 성인이 될 때까지 별 이상이 없다면 과민증이나 알레르기가 없는 것이니 글루텐이 든 음식을 먹는다고 특별히 건강이 나빠질 일은 없습니다.

물론 밀가루 음식을 먹고 거북하신 분의 경우 글루텐 프리 음식을 드시고 괜찮다면 그렇게 드셔도 큰 문제야 없겠지요. 어차피 밀가루 음식 자체가 단백질 성분이 많이 부족하니, 단백질 공급은 굳이 밀가루의 글루텐이 아니라 다른 식재료로 해도 될 일입니다. 그러나 마치 글루텐 프리가 굉장한 건강식품인 것처럼 호들갑을 떠는 것은 문제가 있다는 거죠. 기존 밀가루 음식과 그것에 들어있는 글루텐이 마치 나쁜 음식인 것인 양 하는 것은 잘못되었다는 겁니다. 어떤 분은 복숭아 알레르기가 있고, 또 어떤 분은 아몬드나 땅콩에 알레르기가 있습니다. 그런 분들은 해당 음식을 피하면 되지요. 그렇다고 복숭아나 아몬드, 땅콩이 나쁜 음식은 아니지 않겠어요? 밀가루 음식을 피하는 것이야 자신의 선택입니다. 먹어봤더니 속이 더부룩해서 싫더라고 밀가루 음식을 싫어하는 분도, 그리고 비만에 대한 걱정으로 밀가루 음식을 멀리하는 분도 있습니다. 이건 개인의 선택이지요.

하지만 글루텐이 천하의 나쁜 놈인 것처럼 죄인 취급하면서 이에 대한 소비자들의 염려를 이용해 자기 돈벌이에만 혈안이 된 기업은 비난받아 마땅합니다. 밀가루 음식을 많이 먹을 경우 가장 큰 문제는 사실 탄수화물의 과다 섭취로 인한 비만이고, 두 번째 문제는 소금의 과다섭취일 겁니다. 그러니 글루텐에 대한 유전적 문제가 없는 대부분의 사람에게 글루텐 프리 제품은 값만 비싼 제품일 뿐인 겁니다.

카세인나트륨은 무슨 죄

　카세인나트륨 대신 우유를 넣었다는 커피 광고가 눈에 띱니다. 시작은 한 커피믹스 판매기업이 '우리는 카세인나트륨 대신 무지방 우유를 사용한다.' 라고 광고를 한 것이 시작이었습니다. 흔히 프리마라고 하는 것에 카세인나트륨이 들어있는데 자신들은 그것 대신 무지방우유를 쓴다는 것이지요. 하지만 이는 우리는 콩 '단백' 대신 천연 콩에서 '지방'을 줄인 저지방 두유를 쓴다와 비슷한 표현입니다. 우습지도 않지요. 원래 우유에 포함된 단백질의 80% 정도가 카세인이란 '단백질'입니다. 이 카세인을 화학적으로 합성한 제품이 카세인나트륨이지요. 그런데 저지방우유에는 그럼 카세인이 없나요? 저지방우유란 결국 '지방' 성

　　　　　　　　　　　　　　　　　과학이라는 헛소리

분을 줄였단 뜻이니 단백질 성분을 줄인 것이 아닙니다. 우리는 카세인나트륨 커피를 마시든 아님 저지방우유 커피를 마시든 카세인을 섭취하게 된다는 겁니다. 그리고 이 둘은 모두 우리 위와 소장에서 아미노산으로 분해되어 흡수되지요. 결국 둘은 별 차이가 없는 것입니다. 커피믹스에 뭐라 할 거라면 거기에 포함된 다른 성분을 까탈을 잡아야 하는데 카세인만 나쁜 놈으로 만든 거지요.

더구나 실제로 카세인은 아주 훌륭한 단백질이기도 합니다. 이 카세인에는 인간에게 중요한 아미노산이 모두 있으니까요. 우유를 완전식품이라 부르는 데는 이 카세인 성분의 몫이 가장 큽니다. 그리고 카세인은 우리가 즐겨 먹는 치즈의 원료이기도 합니다. 원래 카세인의 어원이 치즈란 뜻의 라틴어 'caseus'이기도 하구요. 치즈야말로 우유에서 이 카세인을 농축시켜 만든 것이니 저 광고대로라면 아주 나쁜 음식인거죠.

그런데 왜 저 회사는 '무지방'을 강조하지 않고 엄한 카세인나트륨을 강조했을까요? 무지방우유나 저지방우유를 마셔본 분들은 다들 아실 이유입니다. 맛이 없거든요. 우리의 혀는 지방의 맛에 민감하게 반응하는데, 보통 지방 맛은 '풍부한' 맛으로 느껴집니다. 그래서 우리 모두 저지방이나 무지방 우유가 몸에는 좋지만 맛은 없다는 사실을 알지요. 그러니 몸에 좋다는 컨셉의 무지방 우유를 넣었다고 이야기를 하면서, 그 대신 뭔가 더 좋다는 걸 홍보해야겠는데 그러다 보니 '화학제품'인 카세인나트륨 대신 '천연제품'인 우유를 넣었다는 것을 홍보하게 된 것입니다. 무지방이라서 몸에 좋고, 천연 우유라서 몸에 더 좋다는 식인 거지요. 그런데 무지방 우유라고 해도 카세인 단백질을 제거한 게 아니니 결국 말도 되지 않는 주장이 된 것입니다.

이렇게 말씀드리면 카세인나트륨은 화학적으로 합성한 것이고, 우유의 카세인은 천연식품인데 그게 어떻게 같을 수 있냐고 주장하는 분이 계실 수 있습니다. 이 책의 다른 쪽에서 '화학합성과 천연합성의 차이'를 본격적으로 다루니 그 파트를 참고해 주시면 고맙겠습니다. 단 하나만 이야기해보겠습니다. 이 둘은 우리 몸에 들어와서 위장과 소장에서 분해됩니다. 앞서 효소 때 말씀드린 것처럼 단백질은 아미노산으로 분해되지 않으면 절대 흡수가 되지 않으니까요. 둘 다 분해가 되면 동일한 아미노산을 내놓습니다. 차이가 하나도 없지요. 오히려 카세인나트륨은 분해가 더 잘되기 때문에 흡수율이 더 높습니다. 딱 그 차이입니다.

커피 믹스를 먹으면서 우리가 해야 할 가장 큰 고민이 있다면 지방 성분과 당 성분에 의한 비만이지, 카세인 성분이 아닌 것이죠.

전자파라는 유령

　전자파도 이런 공포 마케팅의 일종이지요. 전자파라는 명칭도 사실 정확하다고 볼 수 없습니다. 앞서 다뤘듯이 전자기파라고 해야 하지요. 앞서 다뤘듯이 전자기파는 일종의 파동입니다. 전기장과 자기장이 서로 공명하며 만드는 파동인데 진동수에 따라 종류가 나뉩니다. 진동수가 큰 것에서부터 작은 쪽으로 감마선, 엑스레이, 자외선, 가시광선, 적외선, 전파로 나뉩니다. 즉, 그냥 우리 눈에 보이는 빛도 전자기파의 일종입니다.

　전자제품을 쓰면 이 전자파가 나와서 우리 몸에 좋지 않은 영향을 끼친다는 이야기가 많습니다. 전자레인지 돌릴 때 그 앞에 서 있지 말라는 이야기부터 시작해서 잘 때 휴대폰 옆에 두지 말라는 이야기, 모니터 옆에 선인장을 놓아라, 휴대폰 뒷면에 전자파 차단 패치를 붙여라 등등 참 많은 이야기가 있습니다.

그럼 이런 전자기파는 정말 몸에 나쁜 걸까요? 결론부터 말씀드리자면 그럴 수도 있고 아닐 수도 있습니다. 문제는 전자기파가 가지고 있는 에너지입니다. 에너지가 큰 전자기파는 위험하고 에너지가 작은 전자기파는 위험하지 않습니다. 전자기파가 우리 몸에 영향을 미치는 것은 우리 몸을 구성하고 있는 원자나 분자의 전자에게 자기가 가진 에너지를 넘겨주기 때문입니다. 에너지를 넘겨받은 전자는 속도가 빨라져서 원자나 분자로부터 빠져나갑니다. 그러면 분자 구성이 흐트러지고 깨지게 됩니다. 물론 분자 몇 개 정도 깨진다고 우리 몸이 치명적인 피해를 입는 것은 아닙니다. 몸 안의 여러 장치들이 이를 복구해주기 때문이지요. 하지만 아주 많은 전자가 동시에 피해를 입게 되면 이를 복구하기가 힘듭니다. 따라서 같은 종류의 전자기파라도 에너지가 크면 피해를 입을 수 있습니다.

예를 들어 감마선은 돌연변이를 일으키기도 하고, 암을 발생시킬 수도 있는 위험한 전자기파입니다. 그런데 이 감마선을 우리는 매 순간 쐬고 있습니다. 태양이 만들어낸 감마선이 항상 우리 몸을 통과하고 있기 때문이지요. 더구나 이 감마선은 투과력이 강해서 웬만한 것으로는 막을 수도 없습니다. 그럼 왜 우리는 감마선을 쐬는데도 죽지 않는 걸까요? 이유는 감마선의 에너지가 적기 때문입니다. 이를 전문용어로 하자면 진폭이 작다고도 할 수 있습니다. 그러나 대규모로 감마선을 쏘이게 되면 몸 내부의 여러 곳에서 이상 증상이 발생할 수 있습니다. 그래서 위험한 것이지요. 엑스레이도 마찬가지입니다. 그래서 엑스레이를 찍을 때도 그 피폭량에 한계를 두는 것입니다.

자외선도 마찬가지입니다. 우리 피부는 자외선에 민감한데 적은 양을 쏘이는 것은 별 문제가 없습니다. 다만 다량의 자외선을 쪼이면 피부암이 발생하거나 기미가 끼는 등 피부에 좋지 않은 영향을 주기 때문에 선크림을 바르는 것이지요. 가시광선도 마찬가지지요. 빛이야 워낙 친숙하니 위험하다고 생각하지 않지만 강한 빛이 눈에 좋지 않다는 건 상식입니다. 그래서 햇빛이 강하게 내리쬘 때는 선글라스를 쓰지요.

이는 전파도 마찬가지입니다. 그래서 괴담이 생깁니다. 컴퓨터는 전자기파를 발생시키니 위험하다. 휴대폰도 전자기파를 발생시키니 위험하다. 뭐 이런 말들이지요. 그러나 정작 전자기파가 위험한 곳은 따로 있습니다. 바로 송전탑이지요. 보통 도시에선 주변의 산으로 고압송전선이 지납니다. 우리가 사는 건물 주변은 아무래도 위험하기 때문이지요. 동네 뒷산의 송전탑 부근에 한 번 가보세요. 송전탑 주위로 철망을 치고 위험하니 접근하지 말라는 경고를 합니다. 아주 강한 전류가 흐르는 주변은 당연히 아주 강한 전자기파가 생깁니다. 그래서 위험한 것이지요.

그러나 우리가 가정에서 쓰는 전자레인지, 컴퓨터나 휴대폰 등에서 발생하는 전자기파는 그에 비하면 미미한 수준이라 그 위험성은 과장되었다고 볼 수 있습니다. 차라리 컴퓨터를 오래 하면 손목터널증후군이나 시력 저하, 잘못된 자세로 인한 근육통 등이 오히려 더 위험하지요. 휴대폰도 마찬가지로 시력 저하나 손가락 근육, 거북목 같은 것이 더 위험합니다. 전자레인지의 위험은 많이 쓰면 전기세가 늘어나는 것 정도 말고는 없습니다.

그런데 어떤 제품들은 바로 이 전자파를 막아준다고 '사기'를 칩니다. 십수 년 전부터 유행하던 제품들이지요. 선인장 같은 다육식물이 전자파를 흡수한다고 모니터 옆에 놓아두기도 하고, 전자파 차단 필름을 휴대폰 뒷면에 붙이기도 합니다. 과연 효과가 있을까요? 아뇨, 전혀 없습니다. 사실 효과가 있으면 큰일 납니다. 휴대폰은 전자기파의 형태로 외부와 데이터를 송수신합니다. 만약 필름이 전자파를 모두 잡아준다면 휴대폰은 먹통이 될 수밖에요. 휴대폰이 제대로 기능을 한다는 사실 자체가 이미 전자파를 차단하지 못하고 있다는 걸 알려주는 거지요. 그리고 전자파의 성질 중 하나가 전자파가 시작된 곳으로부터 사방으로 퍼지는 것인데요, 이렇게 사방으로 퍼지는 전자파는 직

선으로 나아갑니다. 모니터나 컴퓨터와 나 사이에 차단벽이 있지 않으면 도저히 차단할 방법이 없는 거지요. 만약 선인장이 전자파를 그리 잘 흡수한다면 그 선인장은 며칠 안가 말라죽을 겁니다. 컴퓨터와 모니터가 사방으로 보내는 전자파를 모조리 흡수하면 그 에너지가 모두 선인장에 전달된다는 뜻이니까요. 그런데 선인장이 크기나 한가요? 보통 어른 손보다 작지요. 그 정도 크기면 흡수한 에너지 때문에 내부 온도가 올라가 말라죽어야 정상입니다.

사실 모니터 옆에 선인장 하나 있는 거야 보기도 좋으니 뭐랄 사람은 없습니다만, 얄팍한 상술은 우습기만 합니다. 휴대폰 뒷면의 전자파 차단 필름도 마찬가지지요. 좀 예쁘게 만들면 좋을 터인데 예쁘지도 않은 녀석이 차단 효과 있다고 비싸기까지 하잖아요. 앞서 말씀드렸다시피 컴퓨터와 휴대폰이 건강에 좋지 못한 두 가지는 시력과 자세입니다. 그래서 틈틈이 눈 운동도 좀 하고, 맨손체조나 스트레칭도 하면서 잠시 쉬는 것이 전자파 걱정하는 것보다 훨씬 건강에 도움이 될 거예요.

사카린과 MSG²

우리나라 음식은 주식인 밥을 빼고는 모두 조미료가 조금씩 들어갑니다. 그 역사도 오래되었습니다. 국물 맛을 위해 표고나 다시마, 파뿌리, 양파 껍질 등으로 육수를 내고, 멸치같은 생선을 우리기도 합니다. 조금 사는 집에선 사골이나 양지머리 같은 걸 쓰기도 했지요. 다진 마늘, 고춧가루, 소금, 설탕 등도 음식의 맛을 돋워주는 조미료입니다. 고추가 들어오기 전에는 산초나 제피, 후추 등을 썼지요.

그러나 이런 조미료를 쓰자면 좀 성가십니다. 품도 많이 들고, 비용도 많이 듭니다. 그런데 20세기 초 '기적의 제품'이 나옵니다. 1908년 일본의 화학자 이케다 기쿠나에가 다시마가 어떻게 국물 맛을 좋게 하는지에 대한 연구 끝에 글루탐산이 비결임을 알게 됩니다. 그러나 다시마에서 이 성분을 추출하려니 여간 많은 다시마가 드는 게 아니었습니다. 그래서 밀에서 이 성분을 뽑아내는 새로운 방식을 개발합니다. 그리고 그것을 물에 잘 녹도록 나트륨과 결합시켰지요. 바로 L-글루탐산 나트륨, MSGMono Sodium Glutamate의 탄생입니다.

어렵고 가난했던 시절이었지요. 육수를 내기 위해 표고며 다시마, 멸치, 소고기나 사골을 산다는 건 언감생심이었습니다. 그때 혜성처럼 등장한 아지노모토(味の素:맛의 정수)란 이름의 이 MSG는 선풍처럼 인기를 끌었습니다. 소고기는 하나도 들어가지 않는데 국물에선 소고기 맛이 났지요. 특히나 평양냉면의 경우 소 양지로 맛을 내야하는데 그게 어디 좀 비쌉니까? 아지노모토를 좀 뿌려주면 소고기 몇 근이 절약되니 안 쓸 도리가 없었습니다.

그러다가 해방이 되고, 우리나라에서도 '미원'이란 이름의 MSG 조미료가 나왔습니다. 그리고 제일제당이 '미풍'을 내놓으면서 경쟁이 붙었지요. 저도 어려서 콩나물국이나 황태국을 끓일 때 마지막에 미원을 조금 넣어주던 기억이 납니다. 그러던 어느 날, 이렇게 우리 식탁을 한층 업그레이드한 MSG가 갑자기 천하의 나쁜 놈으로 바뀌었습니다. 1993년 경쟁업체에서 "화학적 합성품인 MSG를 넣지 않았습니다.”란 문구를 내세우며 광고를 시작한 겁니다. MSG가 뇌세포를 손상하거나 천식을 유발할 우려가 있다고 하면서요. 전형적인 공포 마케팅이었습니다.

사실 MSG의 유해 논란은 90년대가 아니라 60년대에 시작되었습니다. 미국인 의사가 MSG가 든 음식을 먹었더니 뒷목에 마비가 오고 어지럼증 등 이상 증상이 나타난다고 학술지에 밝히면서부터였지요. 중국음식에 유난히 MSG가 많이 쓰여 ‘중국음식 증후군’이란 이름이 붙기도 했습니다. 그래서 73년에 세계보건기구와 식량농업기구가 하루 섭취량을 체중 1kg당 120mg 이하로 제한합니다. 70kg의 성인 남성이면 8.4g 정도만 먹어야 한다는 거지요. 하지만 뒤이은 연구들이 MSG가 별다른 유해성이 없다는 것을 증명하면서 다시 바뀌었습니다. 미국식품의약국도 세계보건기구와 식량농업기구도 모두 MSG가 안전하다고 발표했습니다. 물론 하루 허용량 기준도 없앴지요.

이렇게 MSG에 대한 오해가 풀린 것이 한국에서 MSG 유해성 논란이 일어나기 전인 80년대의 일입니다. 하지만 90년대 들어 한 회사의 공포 마케팅에서 시작된 MSG 혐오는 이런 상황과는 상관없이 계속 이어집니다. 식품회사들은 경쟁적으로 자사 제품에는 MSG가 없다고 광고를 했지요. 고급 음식점들도 ‘천연 재료로 맛을 낸’이란 문구를 붙이기 시작했고요.

'천연제품 대 화학합성품'이라는 대결 구도의 대표적 예이며 공포 마케팅의 대표적인 예가 되어버린 것입니다. 그런데 이후 연구를 해보니 MSG가 소금 섭취를 줄이는 데 도움이 되더란 연구도 나오고 그 유명한 헬리코박터 파일로리균에 의한 위 손상도 일부 막아준다는 것이 밝혀지기도 했습니다. 결국 대부분의 사람들에겐 해가 되기보단 득이 될 수 있다는 이야기입니다.

물론 장점이 있다면 단점도 있습니다. 음식점에서 과도하게 MSG를 사용하는 측면이 있습니다. 조미료를 넣고 대신 음식에 들어갈 재료를 줄이니 음식점 입장에서야 원가 절감효과가 확실합니다. 더구나 손님들도 맛있다고들 하니 더 좋은 거지요. 소고기국이나 된장국 같은 음식만이 아니라 김치나 나물, 중국 음식 등 다양한 제품에 들어갑니다. 하지만 그러다 보니 음식마다의 개성은 사라지고, 재료에 충실하지 못한 점 등이 나타났습니다. 사실 조미료 없이 평양냉면의 육수 맛이나 짜장면 맛을 내려면 엄청나게 많은 재료가 들어가야 하는 거죠. 그런 의미에서 천연 재료로 느리게 만든 제품을 파는 것도 나쁜 것은 아닙니다만, 죄 없는 MSG에 대한 누명 씌우기는 하지 말아야겠지요. 더구나 바쁜 집안일 중에 MSG가 좋지 않다고 몇 시간 육수를 내고 천연재료로 먹을거리를 만드는 노력을 기울이게 만든 것은 참 힘든 일입니다. 자기 먹을 거면 몰라도 식구들 먹을 것에 나쁜 걸 넣고 싶지 않은 건 너무나 당연한 거죠. 그런 심리를 이용한 MSG 혐오 마케팅은 마땅히 비난받아야 할 일입니다.

사카린도 유해하지 않기는 마찬가지

누명을 쓴 것으로 사카린도 MSG만큼이나 억울합니다. 19세기 말에 미국에서 만들어진 사카린은 단맛이 설탕의 300배나 됩니다. 그런데 열량은 없고 가격도 저렴합니다. 그런 이유로 꽤 큰 인기를 얻었는데 1977년 캐나다 국립보건연구소가 '쥐에게 사카린을 투여했더니 방광에 종양이 생겼다'고 하면서 문제가 생겼죠. 많은 나라들이 사카린 사용을 금지했고, 우리나라도 92년 대부분의 식품에 사용하지 못하게 했습니다.

그러나 후속 연구 결과로 유해성이 입증되지 않으면서 98년 국제암연구소에서 사카린을 발암 물질에서 제외합니다. 미 식품의약처도 사용규제를 취소했고 우리나라 식약처에서도 대부분의 식품에 사카린 사용을 허락했습니다.

요사인 당뇨나 비만 환자들에게 설탕 대용으로 주목받고 있기도 합니다. 사카린은 아주 적은 양으로 풍부한 단맛을 내기 때문이지요. 같은 이유로 음식점에서도 많이들 사용했습니다. 깍두기를 담글 때 사카린을 아주 조금 넣어주면 단맛이 확 올라가지요. 흔히들 설렁탕이나 곰탕집을 방문할 때 탕의 맛도 맛이지만 같이 나오는 깍두기나 무김치 맛이 중요한데 이때 큰 역할을 하는 것이 사카린입니다. 특히나 여름철에는 무 자체가 맛이 덜 들어있는 경우가 많아서 사카린을 주로 이용했습니다. 그러나 사카린이 금지되면서 대신 설탕이나 사이다를 넣기도 했지요. 물론 모든 곰탕집이나 설렁탕집이 그렇다는 건 절대 아닙니다.

공포 마케팅의 확장

공포 마케팅은 전자파나 식재료에만 있지 않습니다. 타인에게 뒤처지는 것을 두려워하게 만드는 것 또한 일종의 공포 마케팅이지요. 공포 마케팅이라 여겨지지 않는 지점도 있습니다. 흔히들 '좋은 엄마 마케팅'이라 말하는 것이지요. 당신이 자녀의 교육에 무관심하다면 당신 자녀를 패배자로 만들 것이라는 메시지입니다. 학원가에서 주로 들을 수 있는 말인데요, 예를 들자면 이런 것들입니다.

"영어를 못하면 취업이 되지 않습니다. 영어를 못하면 직장의 경쟁에서 뒤처집니다. 그러니 어서 우리 학원에 와서 영어 능력을 향상시켜야 해요."

과학이라는 헛소리

"당신 주변의 아이들은 모두 수학을 선행하고 있습니다. 당신 아이가 선행을 하지 않는다면 그건 뒤처지는 것입니다. 당신의 자녀가 놀고 있을 때 친구들은 모두 학원에서 공부를 하고 있습니다. 방학을 허투루 보내게 할 겁니까. 방학 특별 프로그램에 빨리 등록해서 신학기를 준비하세요."

정치의 영역에서도 공포 마케팅이 있습니다. 주로 극우파들이 많이 쓰는 방법이지요. 우리나라에서도 외국인 노동자들에 대한 혐오를 조장하는 방식으로 나타나고 있습니다. 우리나라뿐이겠습니까? 유럽의 극우들도 마찬가집니다.

"외국인이 당신의 일자리를 빼앗고, 당신의 세금을 도둑질하며, 당신의 자녀를 폭행하고 있다. 우리의 순결한 피가 더러워진다. 더럽고 가난한 외국인들이 언제까지 이 땅에서 활개치고 살게 할 것인가!"

이런 공포 마케팅이 과학과 무슨 관계냐고요? 저런 공포마케팅의 대부분은 '과학적 연구'의 결과를 무시한 채로 진행된다는 것이죠. 그리고 먹혀들어가죠. 특히나 정치적 공포 마케팅은 사실과 무관한 억측으로 이루어져 있는 경우가 많습니다. 가령 외국인의 범죄율이 높다는 주장은 세계 어디서나 써먹는 단골 주제인데요. 조사를 해보면 두 가지 정도의 결과가 나옵니다. '완전한 거짓말'이거나 '진실로 보이는 거짓말'입니다.

'완전한 거짓말'이란 실제 내국인의 범죄율과 외국인의 범죄율을 비교할 때 내국인의 범죄율이 더 높은 경우입니다. 우리나라가 그렇지요. 2014년 검찰의 통계에 따르면 외국인의 범죄율은 1.6%인 데 비해, 내국인의 범죄율은 3.7%입니다. 강력범죄의 경우도 외국인은 0.6%고 내국인은 0.7%지요. 우리나라뿐이 아닙니다. 대부분의 나라에서 그렇습니다. 외국인은 일단 타국에서 산다는 사실 자체가 일상생활을 조심스럽게 하도록 만듭니다. 우리도 낯선 곳에 가선 일단 조심을 하는 경우가 많잖아요.

　'진실로 보이는 거짓말'은 일부 언론이나 극우 민족주의자들이 자주 써먹는 수법입니다. 외국인 범죄 증가율이 그렇지요. 경찰청 통계에 따르면 2003년 6,144건이던 외국인 범죄는 2007년 14,524건으로 2배 이상 늘었습니다. 이걸 보고 '우와! 이거 심각한데, 외국인들 무서워! 정부는 뭐하나, 대책을 세워야지.' 라고 하면 반만 맞는 것이죠. 사실 외국인 범죄가 늘어난 것은 외국인 자체가 늘어났기 때문입니다. 같은 기간 동안 외국인은 약 1.7배 증가했습니다. 물론 저 통계만 놓고 보면 외국인 증가율보다 범죄 증가율이 조금 더 높은 것은 사실입니다. 그러나 같은 기간 한국인의 범죄율은 4%였고, 외국인 범죄율은 1.3%였습니다. 절반도 되지 않는 것이죠. 더구나 흔히 범죄의 온상이라고 여겨지는 불법 체류자들은 범죄율이 0.9%로 외국인 평균보다도 더 낮습니다. 불안한 신분으로 붙잡히면 무조건 강제 출국 당한다는 사실 때문에 더 조심하는 거지요.

물론 외국인의 수가 증가하고 그에 따라 국내 외국인에 대해 더 많은 관심과 행정적 뒷받침이 되어야 하는 것은 맞습니다. 제가 반만 맞다고 한 것은 그 때문이지요. 그리고 범죄에 대해서도 예방과 제도적 뒷받침이 같이 가야겠지요.

'진실로 보이는 거짓말'의 또 다른 측면도 있습니다. '흑인은 백인에 비해 위험해', '중국인들은 범죄율이 높아', '조선족은 무서워' 등의 이야깁니다. 우리나라에서뿐만 아니라 외국의 경우도 그 대상이 다를지언정 다른 이들을 배척하려는 경향은 비슷합니다.

그런데 과연 그럴까요? 조사에 따르면 인종이나 민족, 출신지로 나누지 않고 소득으로 나누어보면 결과는 전혀 다릅니다. 피부색이 어떻든 민족이 어떻든 아니면 출신 국가가 어디든 관계없이 비슷한 소득 수준에서는 비슷한 범죄율이 발생한다는 겁니다.

심지어 학력 수준도 결국 소득 수준과 관계가 가장 큽니다. 무식한 흑인은 없고, 무식한 가난한 사람이 있을 뿐이고요. 범죄를 저지르는 중국인도 없습니다. 범죄를 저지르는 가난한 사람이 있을 뿐입니다. 그리고 이 '가난'은 개인이 해결할 수 없는 어려움을 가지고 오기 때문에 '어떤 사람'이 범죄자가 될지 알 순 없지만 '확률적으로' 범죄율을 높이게 됩니다. 특히나 빈부격차가 클수록 범죄율은 높아지지요.

그런데도 어떤 이들은 범죄에 대한 '형량'을 높여서 범죄 문제를 해결하자고 하지요. 일종의 공포 마케팅입니다. 하지만 역사적으로 어떤 지역에서도 범죄에 대한 형량을 높여서 범죄율이 낮아진 적은 없습니다. 오히려 복지정책과 빈부 격차 해소가 범죄율을 낮추는 가장 좋은 방법이란 걸 알려줍니다.

체크리스트

글루텐 프리 식품은 글루텐에 알레르기 반응을 가진 이들에게 도움이 된다	O
글루텐 프리 식품은 다이어트에 도움이 된다	X
카세인 성분은 무지방 우유에 들어있지 않다	X
전자파 차단 제품은 대부분 효과가 없다	O
MSG는 인체에 해로운 조미료다	X

3

과학인 듯
과학 아닌

과학인 듯 과학 아닌 너

"양자역학적 효과로 인해 미시세계에선 아무것도 없는 진공 속에서 새로운 에너지가 만들어지고, 있던 에너지가 사라지기도 한다. 이런 진공 상태에서 생성되는 에너지를 이용할 수 있다면 우리는 비용이 전혀 들지 않는 순수 에너지를 얻을 수 있다. 이를 위해선 나노 수준의 정밀한 기기가 필요한데 현재 세포들이 사용하는 세포내 소기관들이 바로 이런 역할을 할 수 있다. 실제로 암세포의 경우에는 이런 세포내 소기관들이 양자역학적 효과를 통해 에너지를 만들고, 이렇게 만들어진 에너지를 기초로 무한한 세포분열을 일으키고 있다고 산 호세 주립대학 잉걸마임 교수가 발표한 바 있다."

이런 내용 어떠신가요? 혹하지 않나요? 누군가가 대단히 새로운, 그리고 획기적인 발견을 한 것처럼 보이시지요? 그러나 사실은 제가 지어낸 말입니다. 적당히 양자역학적 사실과 과학 용어를 짜깁기해서 만든 '아무말대잔치'인 거지요.

이렇게 언뜻 보기엔 과학적인 것 같지만 실상을 알고 보면 과학과는 백만 년쯤 거리가 떨어진 이야기들이 있습니다. 마치 과학적으로 증명이나 된 것처럼 유포되어선 우리를 어리둥절하게 하고, 미혹시키지요. 태어나서 이때까지 한 번도 의심하지 않았던 사실들, 하지만 알고 보면 과학적 근거는 별로 없는 이야깁니다. 이들은 어떻게 과학으로 둔갑한 것일까요? 실제로 이들의 주장은 어려운 수학 공식을 동원하고, pH나 이온과 같은 과학 용어를 동원합니다. 복잡한 숫자와 방정식, 어떻게 계산해야 할지 감도 잡히지 않는 이론들을 보다 보면 누군가 아주 머리 좋은 과학자가 밝혀낸 세계의 비밀을 엿보는 느낌이 들기까지 합니다. 그러나 대부분 이런 이야기들은 왜곡과 가십이 섞인 엉터리 사이비과학입니다.

파르테논 신전은 황금비가 아니다

황금비Golden Ratio는 황금비율 혹은 황금분할이라고도 합니다. 직사각형이 하나 있습니다. 길이가 긴 변과 길이가 짧은 변의 길이의 비가 가로와 세로를 합한 길이와 긴 변의 비와 같을 때 이를 황금비라고 합니다. 긴 변의 길이를 A, 짧은 변의 길이를 B라고 합시다. 둘을 합한 길이는 A+B가 되겠지요. 그러면 A:B=(A+B):A라는 식으로 나타납니다. 이때 짧은 변의 길이를 1로 맞추면 긴 변의 길이값이 바로 황금비가 됩니다.

이 황금비는 1.618033…으로 계속 이어지는 순환하지 않는 무한소수입니다. 즉, 무리수irrational number입니다. 일반적인 분수(유리수)로 나타낼 수 없는 수이지요. 실제로 나타내보면 다음과 같이 나타낼 수 있습니다. 식 좌변의 그리스 문자는 보통 수학에서 황금비를 나타내는 φ(피)입니다.

$$\varphi = \frac{1+\sqrt{5}}{2}$$

그리고 이 황금비와 떼어낼 수 없는 관계에 있는 것이 피보나치 수열입니다. 수열이란 숫자들이 앞뒤의 숫자들과 일정한 관계를 가지고 나열된 것인데 피보나치 수열은 다음과 같습니다.

1, 2, 3, 5, 8, 13, 21, 34, 55..

관계를 연상하실 수 있나요? 세 번째 3을 보면 바로 앞 두 수 1과 2의 합입니다. 그 뒤 5도 그 바로 앞 두 수 2와 3의 합이지요. 이렇게 바로 앞의 두 수의 합으로 계속 이어나가는 수열을 피보나치 수열이라고 합니다. 그런데 이 피보나치 수열의 앞 뒤 두 수의 비를 보면 처음에는 1:2, 그 다음은 2:3, 그 다음은 3:5가 되면서 점점 어떤 수에 가까워지는 것을 알 수 있습니다. 실제 계산을 해보면 1.5, 1.66.., 1.6, 1.625, 1.615.., 1.619.. 1.617.. 이런 식으로 가면서 황금비에 수렴하게 됩니다. 그래서 보통 황금비를 말할 때는 피보나치 수열도 같이 이야기하곤 합니다.

과학이라는 헛소리

이 황금비는 인간이 아름다움을 느끼는 비율이며 동시에 자연의 아름다움이 담고 있는 비율이라고들 많이 소개되고 있습니다. 흔히 수학과 예술의 관계를 설명할 때 자주 들먹이는 예이지요. 이집트의 피라미드, 고대 그리스의 건축물과 조각상, 르네상스 시대 미술작품들에서 이 황금비를 확인했다는 이야기도 많이 소개되고, 또 자연의 아름다운 문양이나 모양에서도 이를 찾을 수 있다고 주장합니다. 몬드리안의 작품이나 애플사의 로고인 사과에서도 이 황금비를 찾을 수 있다고 주장하기도 합니다. 그만이 아닙니다. 메르세데스 벤츠나 구글의 로고에서 황금비를 찾아내기도 하고, 혼다자동차 트위터의 새 로고나 다음 Daum의 첫 화면 UI에서도 찾아냅니다.

물론 인간에 의해 만들어진 물건만이 아니라 자연 속에서도 이러한 비율을 찾아볼 수 있다고 합니다. 해바라기의 씨앗 배열 모양이나 태양계의 행성들 간의 거리, 꽃잎의 개수, 패각류 껍질의 나선 모양 등이 그 예라는 거지요. 그래서 어떤 이들은 이 수가 신이 창조하고 자연에 부여한 비율이라고 하며 신의 존재 증거로 삼기도 합니다.

그런데 과연 맞을까요?

일단 황금비는 무리수입니다. 따라서 정확하게 가로와 세로의 비를 황금비로 만들 순 없습니다. 무리수란 분수로 나타낼 수 없는 수입니다. 그런데 가로와 세로의 비율을 황금비로 만들려면 둘 중 하나를 분모로, 나머지 하나를 분자로 놓을 수 있어야 합니다. 그런데 그렇게 놓을 수 있는 수는 유리수지요. 따라서 정확한 황금비의 사각형은 애초에 만들기가 불가능합니다. 그래서 어떤 이들은 사각형의 대각선과 한 변의 길이가 황금비를 나타내는 걸 말하기도 하는데 이 경우에도 다른 한 변의 길이는 항상 무리수가 됩니다. 그래서 대부분 황금비를 주장하는 경우는 '근사적'으로 황금비를 이야기하게 됩니다. 보통 1.618:1을 황금비라고 하지요. 뭐 이정도면 그렇다고 봐줄 만합니다. 아니 소수점 3자리까지 내려가기 힘들면 대략 1.62:1이나 1.6:1 정도도 황금비라고 할 수 있지요.

그런데 사실 황금비가 아닌데 황금비인 것처럼 잘못 알려진 것들이 있습니다. 먼저 피라미드입니다. 꽤 많은 책과 글에서 이집트의 피라미드가 황금비를 가졌다고 하지요. 피라미드 중 황금비율을 가졌다는 건 쿠푸왕의 피라미드입니다. 피라미드는 사각뿔 형태를 취합니다. 아래는 정사각형이고 정삼각형 네 개가 옆면을 만들지요. 꼭대기에서 밑까지 정삼각형의 높이는 160.2미터입니다. 그리고 아래 사각형의 길이의 절반은 99미터입니다. 이 둘의 비가 약 1.61818:1입니다. 황금비에 꽤 가깝습니다. 기원전 2600년 전에 건설된 피라미드에도 황금비가 있었다니 신비하지요? '와! 고대인들이 생각보다 훨씬 더 현명했네!' 라고 생각할 수 있지만, 사실은 그와 다릅니다.

　피라미드를 만들 때 이집트인들은 가능하면 경사가 높게 쌓아 올리고 싶어 했죠. 그래서 처음에는 무턱대고 경사가 가파르게 쌓아 올렸는데 아주 오래전이다 보니 건축 기술이 별로 좋지 않았어요. 경사가 급한 건 죄다 무너져버립니다. 그래서 처음에는 완만하게 쌓아 올리다가 조금씩 경사도를 높여서 당시의 석축기술로 가능한 한 가장 가파르게 돌을 쌓아 올린 것이 바로 피라미드의 비밀이라면 비밀인 겁니다. 경사가 가파를수록 목표했던 높이까지 쌓는 데 재료도 덜 들고, 인력도 덜 드니 그를 위한 노력이 피라미드의 경사각을 결정지은 거지요. 실제로 피라미드들의 높이와 밑변의 길이의 비는 피라미드마다 제각각인데, 당시 기술과 재료의 관계, 그리고 토목 기술자의 역량에 따라 제각기 다른 비율을 가지고 있는 겁니다.

　또한 피라미드가 모두 황금비만 가지고 있을까요? 그렇지 않습니다. 피라미드의 밑은 정사각형이라고 말씀드렸습니다. 가로와 세로의 비가 1:1인 거지요. 옆면의 삼각형도 그 비가 1:1이지요. 피라미드라는 입체 건축물의 무엇과 무엇을 재느냐에 따라 다양한 비율이 나올 수 있습니다. 그중 하나가 우연히 황금비인 것이죠.

고대 그리스의 파르테논 신전도 황금비로 유명하지만 실상은 그렇지 않습니다. 정면과 측면의 비, 기반과 높이의 비는 모두 4:9, 즉 1:2.25입니다. 그냥 맨눈으로 보기에도 파르테논 신전의 경우 가로의 길이가 세로의 길이보다 꽤 길다는 느낌이 들지요. 황금비와는 한참 먼 비율입니다.

　　당시의 조각으론 밀로의 비너스상이 유명합니다만 이 경우도 그렇습니다. 흔히 배꼽을 중심으로 상체와 하체의 비율이 황금비라고 하는데 실제로 측정해보니 1:1.5 정도였어요. 조각 중에선 르네상스 시기 미켈란젤로가 만든 다비드 상도 유명합니다만 이 경우도 1:1.535의 비율입니다. 여기서 잠깐 짚고 넘어가야 할 것이 있습니다. 흔히들 사람들의 평균 신체 지수 중 배꼽을 중심으로 한 상체와 하체의 비율이 약 1:1.618의 황금비를 따른다고들 말합니다. 따라서 그런 신체 비율을 잘 알고 있었을 조각가들이 왜 상체의 비율을 저리 크게 됐을까 하는 의문을 가집니다. 실제로 보면 하체보다 상체의 볼륨감이 더 있지요. 그리고 비너스나 다비드 모두 얼굴 크기도 살짝 큽니다. 이유는 이 조각상들이 좌대 위에 세워진 것이어서 사람들이 볼 때 모두 위로 고개를 들고 아래에서 위로 보기 때문입니다. 사람들의 눈길에서 하체는 가깝고 상체는 머니, 상체를 더 강조해야 밑에서 봤을 때는 원래의 비례대로 보이는 것이지요.

자연에서 피보나치 수열을 보여주는 예로 가장 많이 드는 것이 앵무조개입니다. 앵무조개의 껍데기의 나선구조가 피보나치 수열을 이룬다는 거지요. 하지만 실제로 조사해보면 앵무조개의 껍데기는 안쪽에서부터 한 바퀴 돌 때마다 3배씩 증가하니 피보나치 수열이 아닙니다. 피보나치 수열을 이룬다면 한 바퀴 돌 때마다 7배씩 커져야 하기 때문이지요.

현대의 황금비를 보여준다는 제품들도 마찬가지입니다. 주민등록증이나 신용카드가 황금비로 제작되었다고 하지만 실제 측정해보면 둘 다 1:1.574의 비율을 가집니다. 아이폰의 초기 화면도 황금비와는 동떨어진 1:1.49의 비율이고요. 애플의 사과 로고에서 황금비를 찾아내는 작업은 지켜보면 무슨 암호문을 해독하는 듯하더군요. 실제로 애플의 로고를 제작한 디자이너도 자신은 황금비 자체를 모르고 있었다고 합니다.

그리고 더 중요한 것은 우리가 애쓰면 어디서고 황금비를 찾을 수 있고, 또 아닌 예도 무수히 많이 들 수 있다는 겁니다. 예를 들어 아주 간단한 네모 상자를 하나 봅시다. 이 단순한 상자도 가로, 세로, 높이, 옆면의 대각선, 아랫면의 대각선, 앞면의 대각선 등 최소한 여섯 개의 수치가 나옵니다. 이들끼리 비교를 해서 비율을 측정한다면 모두 30가지의 비를 낼 수 있습니다. 이 30가지 중 최소한 한 가지 이상이 황금비와 근사적으로 비슷한 경우가 없을까요? 그렇다면 이 30가지 중 2개가 황금비가 나왔다고 이 상자가 황금비에 의해 제작되었다고 말할 수 있을까요? 형광등처럼 특별한 경우를 제외하고 제품을 담는 박스는 대부분 사람이 들 수 있을 정도의 부피와 무게를 가지게끔 디자인됩니다. 그렇게 디자인된 박스라면 보통 가로와 세로의 비가 1:2를 넘어가지 않게 되어있고, 높이 또한 마찬가지입니다. 그렇다면 비율은 1:1에서 1:2 사이가 됩니다. 그 사이 비율이 30가지라면 그중 일부에서 1:1.6 혹은 1:1.62 정도가 나오는 건 흔할 것입니다.

더구나 조금 더 복잡한 물건이나 건축물은 더할 나위가 없겠지요. 건물의 옆면과 높이 바닥의 길이, 창문의 가로 길이, 세로 길이, 문의 세로와 가로 길이, 여기에 대각선을 추가하고 등등을 하면 비율을 잴 수 있는 것이 수백 가지는 족히 나올 것입니다. 그리고 그중 일부는 당연히 황금비와 유사하겠지요.

황금비율이나 피보나치 수열은 그 자체로 참으로 아름답습니다. 수학자들은 이런 수를 만나면 엄청난 전율을 느끼기도 하지요. 그러나 아름다운 비율이나 수열은 황금비나 피보나치 수열 말고도 많습니다. 원주율도 아름답고, 오일러가 밝혀낸 e 또한 아름답습니다. 이들 모두가 신의 의지일까요? 그리고 미학적 아름다움이 황금비에만 존재하는 것일까요?

몬드리안의 그림은 비율의 아름다움을 추구하는 대표적인 작품이지만 몬드리안의 작품에서 황금비를 찾기란 쉽지 않습니다. 대부분의 비율이 그를 비켜나있지요. 그리스의 파르테논 신전도, 이집트의 피라미드도 황금비를 따르지 않지만 아름답습니다. 소라나 암모나이트의 나선이 피보나치수열을 따르지 않는다고 아름답지 않은 것은 아닙니다. 이들 모두는 자신의 생존에 가장 유리한 방향으로 진화한 것이고, 그 오랜 세대의 노력이 모인 결과입니다. 그 자체로 의미를 지니고, 자연의 아름다움을 충분히 보여주는 것이지요.

황금비는 그것이 신에게서 부여받은 특별한 의미가 있기에 아름다운 것이 아니라, 그 자체로 수학적 아름다움을 보여주기 때문에 아름다운 것입니다. 꽃잎의 개수나 잎차례가 피보나치수열을 따르는 것이어서 아름다운 것이 아니라 그렇게 되기까지의 진화의 역사가 아름답고, 우리 스스로가 그 모양에서 아름다움을 느끼도록 진화되었기 때문입니다.*

---

* 황금비에 좀 더 자세히 알고 싶다면 EBS의 다큐프라임 〈황금 비율의 비밀〉을 보는 것도 좋은 방법일 것입니다.

지진을 예견하는 구름은 없다

2016년과 2017년 경주와 포항에서 일어난 지진 이후 우리나라에서도 지진에 대한 관심이 커졌습니다. 한반도에서는 이전까지의 지진은 아주 간헐적이었고, 일어나도 진동을 잠깐 느끼는 정도에서 그쳤지 실제로 피해를 입힌 적은 거의 없었는데 두 지진으로 인해 한반도가 지진 안전지대가 아니라는 사실이 드러났기 때문이지요. 더구나 포항과 경주는 인접한 곳이고 그 주변엔 원전이 밀집해 있어서 더욱 두려움의 대상이 되었습니다.

지진이 두려운 건 아무도 그 사실을 미리 알고 피할 수 없기 때문이기도 합니다. 태풍이나 쓰나미의 경우 미리 예보를 하고, 대비를 하기도 하는데, 지진의 경우는 그냥 당할 수밖에 없

과학이라는 헛소리

기 때문이지요. 그래도 어떻게든 미리 지진을 예보할 수 있으면 좋겠다는 생각은 누구나 가질 수 있습니다만, 현재로선 별다른 방법이 없습니다. 그래서 지진과 관련해서도 괴담에 가까운 이야기들이 많이들 떠돌고 있습니다.

그중 하나로 지진운이 있습니다. 지진이 일어나기 전에 그 주위 상공에 나타난다는 지진운도 언론과 SNS를 통해 떠도는 '과학인 듯 과학 아닌' 이야기 중 하나입니다. 일반적인 구름과는 다른 독특한 형태의 구름이 지진이 일어나기 전에 진앙지 상공에 나타난다는 이야기지요. 따라서 구름을 유심히 관찰하면 지진을 막을 순 없어도 미리 알고 피할 수 있다는 주장입니다.

많은 유사과학들이 그러하듯 일본의 소위 전문가라는 이의 말로부터 시작된 이야깁니다. 일본의 자칭 지진운 전문가인 사사키 히로하루 일본지진예지협회 대표가 그입니다. 그의 주장은 간단히 말해 땅 밑에서 올라온 전자기파가 대기 중의 가스에 영향을 미쳐 지진운이 만들어진다는 것입니다. 지각의 암반이 붕괴할 때 화강암에 함유된 석영이 만들어내는 전자파 및 이온입자에 의해 발생한다는 것이지요. 그에 따르면 지진 발생 2주 전에는 길고 가느다란 띠 모양의 구름이, 1주일 전에는 물결 모양의 구름이 발생한다고 합니다. 그러다가 3일 전에는 하늘로 쭉 뻗은 구름과 회오리 모양 구름이 생기고, 지진 직전에는 둥글고 커다란 구름 하나가 나타난다는 것이죠.[3] 그리고 이를 뒷받침하기라도 하듯 SNS를 통해 수많은 지진운 사진이 나타났습니다. 2008년 쓰촨성 대지진이나 2009년 윈난성 지진, 2010년 아이티 지진, 2011년 동일본대지진이 있기 전에도 지진운이 관측되었다는 주장이 나왔고, 그 사진들은 지금도 지진운이라는 키워드로 검색하면 수백 개 이상을 볼 수 있습니다.

과연 사실일까요? 결론적으로 말씀드리자면 전혀 아닙니다. 일단 사진들을 보면 대부분의 경우 일반적으로 학창시절에 배우는 권운, 권층운들의 모습이 대부분입니다. 아주 자주는 아니라도 가끔씩 하늘을 본다면 일 년에도 몇 번씩 마주치는 모습이지요. 그리고 중고등학교 때 배우지는 않지만 아주 다양한 형태의 구름들이 '지진과는 무관하게' 존재합니다. 당장 인터넷에서 '이상한 구름'이란 단순한 단어로 검색을 해도 '지진운' 보다 훨씬 다양한 종류의 이상한 구름 사진들을 수천 개 이상 볼 수 있습니다. 영어로 'strange clouds formation'이라고 치면 더 다양한 모습을 보실 수 있습니다. 물론 그중에는 합성으로 만든 것도 있지만 실재하는 구름 자체가 대기의 상태에 따라 굉장히 다양한 모양을 가진다는 것을 알 수 있지요. 지진운은 저런 모양에 비하면 아주 평범한, 전 세계 어디서든 매일 관측되는 모양의 구름일 뿐입니다.

만약 지각의 암석에서 발생한 전자파가 대기에 이상한 모양의 구름을 만들었다고 한다면 과연 그 전자파가 지상의 전자기기에는 영향을 미치지 않을까요? 아마 우리가 쓰는 대부분의 휴대폰이나 인터넷, 텔레비전 등에 다양한 이상 증세가 나타나야 할 것입니다. 더구나 저 일본 전문가의 말에 따르자면 지진운은 2주 전부터 나타난다고 하니 전자파가 2주 전부터 발생했을 터인데 그러면 우리가 쓰는 전자기기들 또한 근 보름에 가까운 기간 동안 이상 현상이 일부에서라도 나타나야 하는 거지요. 물론 주파수 대역이 다르면 간섭현상이 일어나지 않을 수도 있습니다만 우리가 쓰는 다양한 종류의 전자기기들이 가지는 주파수 대역을 모두 모아보면 전파의 거의 전 영역을 아우르고 있기 때문에 어느 한 종류에서라도 그런 현상이 나타나야 합니다. 더구나 구름을 형성할 정도의 강력한 전자파라면 두말할 나위도 없지요. 그러나 전자기기의 이상이라곤 지진이 일어난 다음 통화량 증가에 따라 휴대폰으로 전화 걸기가 힘들어진 정도밖에는 없습니다.

세계에선 거의 매일 이곳저곳에서 지진이 일어나고 있습니다. 우리나라에선 5.0 규모의 지진도 굉장한 뉴스지만 이웃 일본 정도만 되어도 5.0 정도의 지진은 큰 뉴스거리가 아닙니다. 포항에서의 지진을 보고 "대규모 지진도 아닌데… 수능연기"라는 제목의 기사가 실리기도 했다니 말이죠. 그 흔한 지진들마다 저런 지진운들이 항상 나타날까요? 전혀 아닙니다. 저런 모습의 구름이 일정한 규모의 지진마다 항상 나타난다면 연구의 가치가 있을 수도 있지만 그렇지 않다는 것이 사실입니다. 그럼 저런 구름이 나타날 때는 항상 지진이 일어났을까요? 그 또한 사실이 아닙니다. 저런 모습의 구름이 나타나도 땅은 얌전한 경우가 태반이었지요. 결국 둘 사이에는 '상관관계'가 없는 것입니다. 마치 '내가 오늘 새똥을 맞았으니 재수가 없어서 돌에 걸려 넘어질 거야.' 라는 주장과 별 차이가 없는 거지요. 수많은 사람이 새똥을 맞지만 그들 모두가 돌에 걸려 넘어지지도 않고, 돌에 걸려 넘어진 사람들이 모두 새똥을 맞은 것도 아닙니다. 그러나 우연히 새똥을 맞고 돌에 걸려 넘어진 어떤 이는 '새똥'과 '돌에 걸려 넘어진 사실'을 연관지어 둘의 인과관계를 엮겠지요.

따라서 당연하게도 지진을 연구하는 학자나 지질학자, 기상학자들 중에는 누구도 이런 주장을 하는 이가 없습니다. SNS를 보다 보면 거의 며칠에 한 번 정도는 누군가가 '희한한 모양의 구름을 봤다'는 사진을 찍어 올립니다. 지진운이라는 것도 그런 아주 자주는 보기 힘든 신기한 구름 중 하나일 뿐인 거지요.

산성체질은 없다

　산성체질이라는 말은 한마디로 자기네가 만든 제품을 팔기 위해, 혹은 TV 프로그램 등에 나와서 자신을 알리기 위해서 하는 헛소리에 지나지 않습니다.

　산성도pH란 어떤 물질 내의 수소이온 농도를 나타내는 단위입니다. 이 값은 1~14 사이인데 7이면 중성, 7보다 높으면 염기성, 낮으면 산성이죠. 하지만 농도를 마이너스 로그로 나타낸 것이라 8은 7보다 1만큼 많은 것이 아니라 1/10 적은 것이고, 9는 1/100만큼 적습니다. 6은 10배 많고, 5는 100배 많습니다.

　일단 정상적인 인간의 몸은 체내 산성도를 항상 7.4 정도로 유지합니다. 즉 약알칼리성 혹은 약염기성인 것이지요. 그런데 이 산성도는 대단히 중요한 부분이라서 우리 몸 자체가 필사적으로 7.4 정도를 지키기 위해서 열심히 일하고 있습니다.

무엇 때문에 산성도를 유지하는 것이 중요할까요? 먼저 우리 몸은 여러 가지 화학반응을 항상 하고 있습니다. 소화도, 세포내 호흡도, 호르몬을 만드는 일도 모두 화학반응이죠. 그리고 이 화학반응을 제대로 하려면 앞서 보았던 효소가 있어야 합니다. 만약 효소가 제 기능을 하지 못하면 소화도, 호흡도 모두 중단됩니다. 죽는 거지요. 그런데 효소는 대부분 단백질로 구성되어 있고, 그 단백질의 구조가 효소가 일을 하는 데 핵심적인 요소입니다. 그런데 산성도가 변하면 이 구조가 변해서 효소가 일을 할 수 없습니다. 따라서 효소가 제대로 일을 하기 위해서라도 우리 몸은 일정한 수준의 pH를 유지할 수밖에 없습니다.

또한 세포막에도 세포 안쪽과 바깥쪽의 물질을 통과시키는 관문 역할을 하는 막단백질이 있는데 이들이 물질을 통과시키느냐 마느냐에도 이 산성도가 중요한 역할을 합니다. 또한 혈액 중 산성도가 변하면 이에 따라 혈액의 산소포화도가 바뀝니다. 우리 몸의 세포로 공급되는 산소량이 급격히 변할 수 있다는 이야기죠. 즉 산성도가 0.2 정도만 움직여도 호흡곤란 등 몸의 이상이 나타나는 것이죠. 그런데 산성체질이라니요. 이 pH값이 7보다 적다는 얘기인데 이런 분은 사망했거나 사망 직전이겠죠. 결국 산성체질이란 말 자체가 어불성설인 겁니다.*

두 번째로 이런 이야기를 하는 사람들이나 기업을 보면 산성식품과 알칼리성식품(사실 염기성식품이라고 해도 됩니다만)을 나누고 산성식품을 먹으면 큰일 날 것처럼 말합니다. 그런데 산성식품으로 분류되는 것은 보통 단백질입니다. 단백질이 우리 몸에서 분해될 때 산성 물질을 내놓기 때문이지요. 그 외 설탕이라든가 몇 가지 식품첨가물이 있습니다. 그리고 무기염류, 즉 칼륨, 칼슘, 나트륨, 인, 철 등을 많이 함유한 식물성 식품들은 몸 안에서 염기성 물질을 내놓기 때문에 알칼리성 식품이 됩니다. 이렇게 나누고 보니 고기나 식품첨가물이 많이 든 음식을 먹으면 몸에 좋지 않고 채소나 과일을 먹으면 몸에 좋을 듯 싶지요? 뭐 아주 틀린 말은 아닙니다만 그게 산성이나 알칼리성 때문은 절대 아닙니다. 과연 산성식품을 많이 먹으면 우리 몸이 산성이 되고, 알칼리성 식품을 많이 먹으면 알칼리성이 될까요? 전혀 그렇지 않습니다.

우리 몸은 앞에서 얘기했듯이 산성도를 일정하게 유지하기 위해서 열심히 일을 합니다. 일단 우리 몸의 70%는 물인데 이 물에는 중탄산이온과 탄산이온이 녹아있습니다. 이 둘은 완충용

---

* 　　원래 산성체질론의 기원은 미국의 미생물학자이자 영양학자인 로버트 영(Robert O.Young)입니다. 이 사람이 쓴 책에서 그런 주장이 시작되었지요. 국내에는 『당신의 몸은 산성 때문에 찌고 있다』로 번역되었습니다.

액으로 외부에서 산성물질이 들어와도 인체 내의 산성도가 급격히 변하지 않도록 하는 역할을 합니다. 또한 산성식품을 많이 먹어 체액의 수소이온 농도가 높아질 것 같으면 신장이 이를 열심히 걸러냅니다. 그 결과로 우리 몸은 pH 7.35~7.45 사이를 항상 일정하게 유지하게 됩니다. 즉 산성식품을 먹는다고 우리 몸이 산성이 되는 건 아니라는 이야기지요. 그래서 현재 대부분의 양식 있는 생물학자나 의학자 혹은 식품영양학자들은 산성식품과 알칼리성 식품을 나누는 것을 별 의미 없는 일이라고 말합니다. 이런 구분 자체가 유사과학이라는 이야기지요.

하나 더 말씀드리자면 음식이 우리 몸에 들어오면 가장 먼저 가는 곳이 위입니다. 그런데 위에서 뭐가 나오나요? 바로 위산이 나옵니다. 산성도가 6이나 5 정도가 아니라 2에 가까운, 아주 강한 산이지요. 그리고 이 위산과 범벅이 된 음식이 소장으로 넘어갑니다. 아무리 우리가 산성 음식을 먹는다고 해도 위산에 비하면 새발의 피일 뿐입니다. 결국 아주 강산을 먹지 않는 이상 산성이라는 이유로 회피할 필요는 없다는 것이지요. 고기를 좋아하시는 분들께서는 한숨 돌리셔도 될 듯합니다.

또한 여자 몸이 알칼리성이어야 남자아이가 나오고, 산성이면 여자아이가 태어날 확률이 높다는 괴담까지도 부록처럼 따라다닙니다. X염색체를 가진 정자보다 Y염색체를 가진 정자가 산성 용액에서 더 느려지기 때문이라는 그럴싸한 주장과 함께 말이죠. 그런데 이건 토끼 실험을 통해서 확인한 결과라고 나오는데 그 실험에서 사용한 염기성 용액과 산성용액은 산성도가 각각 8과 6이었습니다. 도저히 인체 내에서는 있을 수 없는 조건이지요. 한 마디로 괴담 수준인 것입니다.

물론 식품을 섭취할 때 한 종류를 너무 많이 먹는 건 좋지 않지요. 뭐든 골고루 먹는 것이 좋다는 것이야 누구나 이야기하는 것입니다. 특히나 육류 섭취량이 과다한 서양의 경우 고기를 그만 먹고 야채를 더 많이 먹어야 한다는 권고를 합니다만 그게 산성체질 문제는 아닙니다. 오히려 과다 섭취된 지방과 단백질이 빚어내는 다른 문제들 때문이지요. 그러나 우리나라의 경우 아직 대부분의 사람들은 단백질 섭취량 혹은 고기를 먹는 양이 일반적인 기준보다 많지는 않습니다. 그런데 녹즙이나 기타 등등의 식품을 판매하기 위해서 산성식품 알칼리식품 이야기를 하고, 이걸 먹으면 산성체질이 알칼리로 변화된다고 하는 건 결국 상품을 팔아먹기 위한 '거짓말'입니다. 더구나 의사라든가 약사 혹은 한의사, 식품영양학 박사 등의 이름을 걸고 방송이나 언론에서 이런 이야길 하는 건 정말 아닌 거지요.

바이오리듬 좀 타나요

바이오리듬이 유행을 타기 시작한 것은 대략 1990년대 정도입니다. 그러나 바이오리듬 자체의 역사는 꽤 오래되어서 1906년 독일의 의사 빌헬름 프리츠가 그 시조인데요. 그가 환자의 병력카드를 보니 여러 증세가 일정한 주기로 나타나더란 거죠. 그래서 연구를 했더니 특정 인자가 지속적으로 영향을 끼치는데 P인자는 23일, S인자는 28일 주기로 사이클을 타더라는 것입니다. 그 후 알프레드 텔쳐가 새로 지성의 33일 주기를 추가로 확인했다고 합니다. 이렇게 100년이 넘게 여러 학자(?)들이 연구해온 결과이니 나름 과학으로서의 면모를 갖추고 있다고 생각한다면 죄송하지만 큰 오해입니다.

간단하게 말해서 바이오리듬이란 우리 인체에는 일정한 리듬이 있다는 건데요. 신체리듬physical cycle은 23일, 감성리듬 emotional cycle은 28일, 지성리듬intellectual cycle은 33일을 주기로 한 다는 겁니다. 이 세 가지 리듬이 출생과 동시에 시작하여 각각의 주기를 가지고 높아지고 낮아지고를 반복한다는 거지요. 이후 여러 연구(?)에 의해 38일 주기의 직감리듬, 43일 주기의 미적감 각리듬, 48일 주기의 자각상태리듬, 53일 주기의 영적감각리듬 이 더 추가되었다고 주장하는 이들도 있습니다.

지금은 조금 덜 합니다만 이 바이오리듬은 한때 굉장한 유 행을 탔습니다. 각자의 생년월일을 넣어서 오늘의 상황이 어떤 지 설명해주는 텔레비전 프로그램도 있었지요. 연예인들이 나와 선 자신의 생년월일을 넣어보고 '아 어쩐지 오늘은 말이 잘 떠오 르질 않았어' 라든가 '오늘 컨디션이 좋은 이유가 이거군요.' 등 의 말을 했지요. 인터넷 포털 사이트에선 자신의 생년월일을 넣 으면 그날의 바이오리듬이 나오기도 했습니다. 휴대폰에 자신의 바이오리듬을 측정하는 프로그램이 깔리기도 했고, 인터넷을 통 해 프로그램을 다운받을 수도 있었습니다. 운동선수들은 자신의 바이오리듬을 체크해서 경기에 임했고, 감독이나 코치도 참고를 했지요. 엄청난 인기를 끌었습니다.

그런데 이 바이오리듬를 해석하려면 무려 삼각함수가 필요합니다. 아래의 식에서 t는 태어나서 알고자 하는 날까지의 총 생존일수입니다. 사인$\sin$이란 글자만 봐도 뭔가 대단히 어렵고 복잡한 느낌이 들지요. 더구나 파이π까지 있으니 무시무시하게 수학적으로 보입니다.

신체 : $\sin(2\pi t/23)$

감성 : $\sin(2\pi t/28)$

지성 : $\sin(2\pi t/33)$

이렇게 계산해야 하니 대단히 과학적인 것 같지요? 사실은 전혀 그렇지 않습니다. 아주 간단합니다. 저 주장대로라면 같은 날 태어난 사람들은 모두 같은 바이오리듬을 가지게 됩니다. 같은 날 태어났다고 모두 같은 리듬을 탄다는 것이 말이나 되는 이 야긴가요? 그렇다면 쌍둥이는 평생 같은 주기를 타고 있어야 한 다는 거죠. 하다 못해 사주팔자를 보더라도 태어난 날뿐만 아니라 태어난 시도 보는데 바이오리듬은 태어난 날짜만 보니 그보다도 못한 거지요. 우리나라의 경우 매년 40만 명 정도가 출생하는데, 그러면 매일 1,000명이 좀 넘는 아이들이 탄생합니다. 이들이 모두 같은 운명을 가지는 거지요. 전 세계 어디에 있든지 같은 날 태어난 사람은 모두 같은 운명을 가지게 되는 거기도 하고요.

어떤 이들은 감성 주기가 28일인 것이 여성의 생리주기와 일치하는 것도 의미가 있다고 합니다만 제 생각에 그런 이야길 하는 이들은 대부분 남성일 겁니다. 여성의 평균 생리주기가 28일인 것이지 모든 여성이 28일을 생리주기로 가지지 않는다는 건 여자면 다 아는 이야기지요. 그리고 여성 한 명의 생리주기조차도 연령과 컨디션에 따라 들쑥날쑥합니다.

더구나 더 우스운 것은 세 가지 주요 주기의 리듬이 모두 0이 되면 사망에 이른다는 주장입니다. 각기 주기가 23일, 28일, 33일이니 정확히 58년 3개월이 되면 세 가지 주기가 모두 0이 됩니다. 간단한 수학인데 23, 28, 33의 최소공배수가 21,252인 것이죠. 그냥 세 수를 곱해도 됩니다. 결국 태어난 날로부터 21,252일이 되면 사망하게 되는데 그걸 계산해보면 58년 3개월이 되는 겁니다. 물론 날까지 정확히 잡을 순 없는 것이 그사이 윤년이 몇 번 있는지는 태어난 해에 따라 다릅니다. 그래 봤자 하루나 이틀 정도 차이입니다만. 어찌 되었건 바이오리듬에 따르면 우리 모두는 60살이 되기 전에 죽게 된다니요? 평균 수명이 80에 가까워지는 오늘날 이보다 더 멍청한 예언은 없는 것이죠.

게임을 하면 뇌가 썩는다구요

꽤 유명한 뉴스가 하나 있습니다. 2011년 MBC 기자가 PC 방의 전원을 꺼버리고는 그 PC방에서 열심히 게임을 하던 사람들이 화를 내니 "게임이 이렇게 사람을 폭력적으로 만든다." 고 리포트를 했던 뉴스죠.[4] 뉴스 제목도 "잔인한 게임… 난폭해진 아이들"이었습니다. 지금도 가끔씩 다시 언급될 정도로 대단한 기사였죠. 한창 재미있게 게임을 하는데 누군가가 고의로 전원을 내려버리면 화가 나는 게 정상 아니겠습니까? 그런데 이런식의 기사가 나가게 된 것은 그 전제로 게임이 사람을 폭력적으로 만든다는 기존의 '상식'이 있기 때문입니다. 과연 정말 게임은 사람을 폭력적으로 만들까요?

과학이라는 헛소리

게임뇌 논란은 니혼대학의 체육학 교수이자 뇌과학자인 모리 아키오가 2002년 출판한『게임뇌의 공포』에서 시작됩니다. 게임 등의 화상 정보를 다량으로 접하는 인간의 뇌파가 치매 환자와 동종의 것이 된다는 주장입니다. 즉 게임을 하면 전두엽이 퇴화해 이와 관련된 뇌의 판단 능력이 떨어진다는 얘기지요. 그러나 이 주장은 일본에서조차 받아들여지지 않습니다. 어느 정도냐면 저 책이 직전 연도에 발간된 책 중 가장 황당한 책에게 수여되는 '일본 어이없는 책 대상'의 2003년도 2위를 했다는 겁니다.

이렇듯 일본에서도 받아들여지지 않았던 건 왜일까요? 여러 종류의 게임 중 어떤 게임에서 그런 역효과가 나타나는지, 아니면 모든 게임에서 그런지에 대해서도 제대로 된 실험을 하지 않았다는 게 첫 번째 이유입니다. 두 번째로 게임을 할 때와 책을 읽을 때 뇌파의 변화가 비슷하다는 결론이 나왔기 때문입니다. 즉 게임할 때만 아니라 독서를 할 때도 전두엽이 퇴화한다는 희한한 결과가 된 거지요. 또한 이 사람은 이와 관련한 논문조차 내지 않았습니다. 교수이자 학자라면 당연히 연구 결과를 논문으로 발표하고, 그에 근거해서 책을 쓰는 것이 당연한데 그런 절

---

* 당시 1위는 「이(齒)가 중추였다」로 이빨이 동물을 지배하는 것이며 뇌는 그 단말일뿐이라는 내용이었습니다.

차조차 밟지 않았다는 것이죠. 사실 외국의 신기한 과학 뉴스를 보자면 이런 경우가 꽤 있습니다. 논문을 발표하지도 않고, 언론을 통해서 먼저 결과를 발표하는 거지요. 논문이라는 꼼꼼한 인증 과정을 '과학자'가 생략했다면, 이는 동료평가를 통과할 자신이 없기 때문인 경우가 대부분입니다. 그래서 과학자들은 논문을 발표하기 전에 먼저 언론을 통해서 발표하는 방식을 신뢰하지 않습니다.

그런데 이런 내용이 한국에 들어와선 "게임을 하면 뇌가 녹는다, 게임을 하면 폭력적이 된다."는 식으로 퍼져나갑니다. 저 주장에 대한 어떠한 진지한 연구나 논문도 그를 뒷받침하진 않는데 말이죠. 이에는 앞서 언급한 것처럼 언론의 잘못도 큽니다. 게임에 대해 부정적인 시각을 가지고 있던 언론과 관련 단체들이 물 만난 고기처럼 달려든 것이지요. 그러나 언론이 이 주제와 관련하여 사실을 확인하는 과정은 거의 없는 것이나 마찬가지입니다. 관련 논문을 제시하지도 못하고, 인터뷰도 실험심리학자나 뇌과학자가 아니라 엄한 게임 반대 단체의 임원이나 인문학을 하는 분들과 한 경우가 대부분입니다. 또한 의미 없는 통계를 들이밀기도 하지요. 가출 청소년들이 게임을 많이 하더라. 성적이 나쁜 아이들이 게임을 많이 하더라, 뭐 이런 통계입니다. 가출해서 갈 데 없는 아이들이 가장 시간을 보내기 쉬운 곳이 PC방인데 그럼 그들이 게임을 많이 하는 것이 당연한 것 아닌가요? 가출 청소년들이 도서관에서 책을 보며 시간을 보낼 거라고 생각했나 보지요. 성적이 나쁜 아이들이 게임을 많이 한다는 것도 그렇습니다. 게임을 많이 해서 성적이 나빠지는 것은 당연합니다. 공부하는 시간이 줄어드니까요. 동일한 공부시간을 확보해도 여가 시간에 다른 취미 활동 대신 게임을 하면 더 성적이 나쁘다는 통계는 본 적이 없습니다. 이런 확인되지 않은 뉴스들이 퍼져나가니 특히나 아이들이 게임만 하는 것(처럼 보이는 것)에 불만인 부모들은 더욱 게임에 대해 나쁜 선입견을 품게 되었습니다.

물론 게임이 가지는 여러 가지 부작용이 있습니다. 특히나 한창 공부에 힘써야 할 아이들이 게임에 빠져서 학업을 등한시하는 것처럼 보이면 부모님 입장에서는 열불이 날 수도 있습니다. 실제로도 게임중독은 현대 사회에서 담배나 마약 도박과 함께 굉장히 중요한 문제가 되고 있습니다.

그러나 이에 대해서도 연구자들은 다른 해답 혹은 가설을 내놓고 있습니다. 일부 과도하게 게임에 빠져드는 중독증상이 나타나는 것은 사실이지만, 그 책임을 오롯이 게임에만 모두 넘길 수는 없다는 것이지요. 청소년들에 대한 지나친 성적 향상 요구나 여가 시간이 주어지지 않는 환경 등이 오히려 게임에 더욱 빠져들게 한다는 주장입니다.

게임에 과도한 시간과 비용을 쓰는 경우도 있습니다. PC방에서 24시간 이상 게임을 하다가 돌연사한 경우도 있지요. 이런 문제는 당연히 심각하고, 대책을 세워야 합니다. 그렇다면 그 문제가 무엇인지, 어떠한 원인에서 비롯되었는지를 분명히 해야 하지 않을까요? 게임을 하면 뇌가 치매 환자처럼 변한다든가, 게임을 하면 아이들이 갑자기 폭력적이 된다든가 하는 관련 분야의 과학자들조차 '비과학적'이라고 외면하는 이야기를 끌고 와서 게임을 하는 아이들을 설득하려 해봐야 설득될 리가 없습니다.

오히려 적당한 선에서 게임을 조절할 수 있는 방법을 같이 공유하고, 어떠한 종류의 게임이 더 나쁜 영향을 끼치는지에 대한 면밀한 연구가 더 필요할 것입니다.

 체크리스트

파르테논 신전 등 고대 건축물은 황금비로 건설되었다	✖
지각 속의 석영이 내는 전자파에 의해 지진운이 발생한다	✖
산성체질은 건강에 나쁘다	⭕
게임을 하면 뇌가 치매 환자처럼 변한다	✖

과학이라는 헛소리

4

위험한
비과학적 주장

CAUTION

**Conspiracy Theory
AHEAD**

어, 이건 아니죠

앞서 여러 유사과학, 비과학, 반과학의 사례들을 살펴봤습니다. 그런데 이런 논리가 자신과 그 논리에 설득된 사람들과 여타 주변 사람들에게 치명적인 경우가 있습니다. 이번 장에서는 '다른' 것으로 용인될 수 없는, '틀렸고', '위험한', 그래서 반드시 제재가 가해져야 할 문제에 대해 이야기해보려 합니다. 첫 번째는 바로 의학과 관련된 주장들입니다. 서양 의학이 현대적 모습을 갖추게 된 것은 약 150년 정도입니다. 그 이전에는 다른 전통의학들과 큰 차이가 없었지요. 그러나 과학의 발전, 특히 생물학의 발전이 의학에 미친 영향은 지대해서 그 150년 사이에 서양 의학은 눈부신 발전을 거듭하여 확고한 과학으로 자리 잡습니다.

그런데 세계의 곳곳에는 그 이전부터 내려오던 전통 의술들이 있지요. 물론 이런 전통 의술에도 나름대로 유용한 측면이 있을 수 있습니다. 그러나 전통 의술의 많은 부분은 과학적 검증을 거치지 않은 채 막연한 개연성 수준에 머물러 있는 것도 사실입니다. 더구나 여기에 서양 의학을 부정하며 새로운 대체 의학을 주장하는 이들도 있습니다. 이런 분들의 주장 중 사회에 심각하게 부정적인 영향을 미치는 사례들을 소개하려고 합니다.

사람의 생명에 관계된 일인데 이걸 정확한 과학적 검증 없이 자신의 신념만으로 잘못된 주장을 하는 건 거의 범죄행위에 가깝습니다. 더구나 일부이긴 하지만 자신의 영리를 목적으로 기존 의학을 비판하며 말도 되지 않는 대안을 내세우는 건 명백히 사회적 해악이라고 볼 수 있습니다. 앞에서 다룬 내용들도 문제가 있는 것들이지만 그래도 생명에 지장을 주는 정도는 아니었습니다. 그러나 이 장에서 다루고자 하는 것은 절대로 휩쓸리면 안되는 이야기들입니다. 이런 주장을 확신에 차서 한다면 멍청하게 나쁜 것이고, 거짓임을 알고 한다면 정말 나쁜 일이지요.

백신 반대 운동

지금은 거의 사라졌지만 1990년대까지만 해도 동네마다 비디오 가게가 있었지요. 주말이면 재미있는 영화를 빌려와 보면서 맥주 한잔하는 것이 소소한 재미였습니다. 비디오를 VCR에 넣고 틀면 가장 먼저 나오는 것이 공익광고입니다.

"옛날 어린이들은 호환, 마마, 전쟁 등이 가장 무서운 재앙이었으나, 현대의 어린이들은 무분별한 불량/불법 비디오를 시청함으로써 비행 청소년이 되는 무서운 결과를 초래하게 됩니다."

일단 불량 불법 비디오가 비행 청소년을 만드는 원인인지도 조금 의문이긴 하지만 이 장의 주제는 아닙니다. 마마 이야기가 주제지요. 저기서 마마는 천연두라는 전염병입니다. 전신에 발진이 나고 굉장한 고열로 인해 한 번 걸리면 30% 이상이 죽는 등 굉장히 무서운 병이었습니다. 나아도 곰보자국이라 불리던 흉터가 남고, 열로 인한 후유증도 심해 실명 당하는 사람도 많았습니다. 더구나 전염성이 강해 한 명이 걸리면 온 동네에 퍼지는, 그야말로 무시무시한 병이었지요. 얼마나 무서우면 상감마마에게나 붙이는 극존칭인 마마를 붙였겠습니까. 그래서 호환이나 전쟁과 동격으로 칠 정도였는데 1977년 이후 더 이상 발생하지 않고 있습니다. 우리나라만의 문제가 아니라 전 세계적으로 유행하던 전염병이어서 20세기 중반만 하더라도 수백만 명씩 죽어 나갈 정도였어요. 1만 년 전부터 인류를 괴롭혔던 전염병이었고, 공익광고에도 나올 정도로 위험한 병이었는데 어떻게 20세기 후반부터는 사라졌을까요?

이는 1967년부터 세계보건기구를 중심으로 10여 년에 걸쳐 천연두 근절 계획을 추진해나간 결과였습니다. 그리하여 1980년 공식적으로 천연두 근절이 선언되었습니다. 인간이 하나의 전염병을 완전히 정복한 첫 사례이자 현재까지 유일한 사례입니다. 어떤 과정을 거쳤을까요? 사실 천연두는 인간 이외의 다른 동물에게는 감염되지 않는다는 큰 특징이 있습니다. 인간이 선택한 방법은 감염자가 발생하면 근처에 사는 모든 이들에게 백신을 접종하는 것이었습니다. 그리하여 주변으로 천연두가 퍼지는 걸 막는 것이었지요. 이런 과정을 통해 유럽과 미국에서 먼저 천연두가 사라졌고, 이후 발생지역이 점점 줄어들다가 마지막에는 아프리카의 에티오피아와 소말리아만 남게 되었습니다. 그 두 나라에서도 감시와 격리, 그리고 접종이라는 세 가지 무기로 싸운 결과 끝내는 천연두를 박멸하게 된 것입니다. 그래서 현재 우리나라를 비롯하여 전 세계에서는 천연두 백신은 이제 더 이상 접종하지 않고 있습니다.

인류의 역사는 어찌 보면 전염병과 끊임없이 싸워온 과정이기도 합니다. 가장 유명하기로는 중세 유럽의 흑사병 유행이 있지만 어디 그뿐이겠습니까. 우리나라도 조선시대 기록을 보면 콜레라와 천연두 등이 심심하면 유행했다는 사실을 알 수 있습니다. 유럽인이 침략한 아메리카 대륙의 원주민들도 유럽인들에 의해 전래된 전염병으로 수없이 많이 죽었지요. 하지만 파스퇴르가 시작한 백신 예방접종을 통해 인류는 그 이전과는 다른 삶을 살 수 있게 되었습니다. 해당하는 질병의 백신을 맞으면 최소한 그 병에 대해서만큼은 더 이상 걱정을 하지 않아도 되는 것입니다.

백신의 원리는 다음과 같습니다. 우리 몸은 외부 병원균에 대한 면역 시스템을 갖추고 있습니다. 외부에서 병원균이 들어오면 시스템이 발동해서 막게 되지요. 그런데 바이러스나 세균은 워낙 번식을 빨리 하기 때문에 이들을 초기에 제압하지 않으면 이 싸움이 굉장히 불리하게 됩니다. 물론 개인별 특성이 있어서 싸워서 이기는 경우도 있고, 지는 경우도 있습니다만, 초기 진압에 실패하면 싸움이 굉장히 힘들어지는 게 사실입니다.

그래서 우리 몸 안에는 특정한 병원균을 감지하는 감시자들이 있는데 이를 항체라고 합니다. 몇몇 항체는 태어날 때 어머니에게서 얻어오기도 하지만 많은 경우 외부 병원균에 대한 항체는 싸우면서 만들어집니다. 특정한 종류의 병원균이 처음 몸안에 들어오면 면역시스템이 병원균과 싸우면서 동시에 이 병원균만 감시하는 항체를 만드는 거지요. 그럼 다음에 다시 그 병원균이 침입할 때 항체가 재빨리 확인해 초기에 진압할 수 있게 됩니다. 이런 사실을 발견하게 되자 그렇다면 아주 위험한 병의 경우 병원균이 침입하기 전에 이 항체를 미리 만들면 좋겠다는 생각을 한 거지요.

이게 바로 백신의 역할입니다. 실제로 백신이 개발되는 질병은 발생률이 급격히 떨어졌습니다. 하지만 모든 질병이 천연두처럼 완전히 박멸될 수는 없습니다. 이유는 천연두와 같은 경우가 드물기 때문입니다. 천연두는 사람 이외의 동물에게는 감염되지 않기 때문에 사람들만 조심하고 격리하고 백신 접종을 하면 되었습니다. 그러나 대부분의 전염병은 사람뿐 아니라 다른 동물을 통해서도 감염이 되기 때문에 사람들만 백신을 맞아선 완전히 소멸시킬 수 없습니다. 페스트 같은 경우는 쥐를 통해서, 뇌염은 모기를 통해서 감염되는 것이죠. 따라서 이런 경우는 아무리 환경을 개선하고 조심해도 완전히 박멸할 수 없습니다. 그래서 더욱 백신이 중요한 것이지요. 콜레라의 경우 어릴 때 한 번만 백신을 맞으면 평생 걸리지 않습니다. 결핵이나 뇌염, B형 간염 등도 마찬가지고, 수두나 백일해, 장티푸스도 그렇습니다. 비교적 예방접종 시스템이 잘 갖춰진 우리나라의 경우는 이런 질환에 걸리는 경우도 거의 없고, 누군가가 걸려도 전염되지 않고 사라지는 것이 이런 까닭입니다.*

　　물론 몇 해 전에 유행했던 중동호흡기증후군(메르스)이나 조류인플루엔자 등의 경우는 다릅니다. 질병 자체가 근래에 나타났기 때문에 아직 백신이 개발되지 않은 것이지요. 에이즈나 에볼라의 경우 바이러스성 질병인데 이런 경우는 백신을 개발하기가 꽤나 힘들기도 합니다. 어찌 되었건 백신의 개발은 해당 질병에 대해서만큼은 평생 안심하고 살 수 있게 만든 획기적인 일이라

* 　　현재 우리나라의 법정 감염병은 총 80가지입니다. 현재 우리나라에서 권장하는 예방접종은 19종이고, 그 외 예방접종은 4종입니다. 각 백신별로 접종 종류 및 방법 시기가 나와 있고, 어린이 국가예방접종은 모든 비용을 국가에서 부담합니다. 리스트는 다음의 주소에서 확인할 수 있습니다. 질병관리본부 예방접종 길잡이 https://nip.cdc.go.kr/irgd/introduce.do?MnLv1=1&MnLv2=4

하지 않을 수 없습니다. 그런데 이 백신을 맞지 말자고 주장하는 이들이 있습니다. 바로 '백신 반대 운동' 추종자들입니다. 그 이유는 다양합니다. 대부분 잘못된 의학 지식이 유포된 경우가 많습니다. 또 자신의 이익을 위해서 왜곡된 정보를 퍼트리는 경우도 있지요. 미국이나 유럽의 경우 백신이 프리메이슨과 사탄숭배자들의 음모라는 설을 진지하게 믿는 사람들도 많습니다.

물론 백신 접종에도 문제가 있을 수 있습니다. 하나는 백신 자체에 대한 알레르기가 있는 경우입니다. 이는 모든 백신에 대한 것이 아니라 특정 백신의 내용물 때문인데 실제 이런 현상이 나타나는 경우는 매우 드뭅니다. 또 접종 전에 미리 확인하여 대부분 걸러집니다. 두 번째로는 백신 자체에 문제가 있는 경우입니다만, 이 경우는 초기 백신 제작 과정의 문제고 현재는 임상 실험을 통해서 이를 예방하기 때문에 거의 무시해도 좋을 정도입니다. 현재로선 백신을 맞지 못하는 가장 중요한 이유는 다른 질병에 걸려있거나 워낙 허약해서 백신을 맞는 정도로도 위험에 처할 가능성이 있는 경우입니다. 이는 부모가 의사와 상담을 하는 과정에서 당연히 모두 확인할 수 있는 것이지요.

그런데 이런 아주 드문 사례를 가지고 마치 백신에 맞으면 큰일이라도 날 것처럼 떠드는 사람들이 있습니다. '안전한 예방 접종을 위한 모임(안예모)'이나 '약 안쓰고 아이 키우기 모임(안아

키)'같은 경우가 대표적입니다. 한때 전국적으로 이름을 떨치던 이 두 모임은 많은 사람의 비판을 받고 주춤하는 듯 했으나, 아직도 이름만 살짝 바꿔 행동하는 듯하더군요. 안예모의 전 대표이자 자문위원은 현직 간호학과 교수이고, 안아키의 대표는 한 의사라서 아이를 키우는 부모 입장에선 더 믿음이 갈 수도 있기 때문에 더 위험합니다. 이들은 예방 의학 전반에 대해 불필요함을 주장하고, 그 대신 대체의학을 더 좋은 치료법으로 따르고 있습니다만, 이들이 주장하는 대체의학 자체가 오히려 심각한 문제를 지니고 있습니다. 이들은 특히나 백신을 거부하면서 초등학교 설문지에는 거짓으로 답변하라고까지 하고 있어 더 문제가 됩니다. 부모의 잘못된 판단으로 백신을 맞지 못한 아이들로 인해 전염병이 유행할 수도 있기 때문이죠.

백신은 의무다

백신 접종은 권리이기도 하지만 의무이기도 하다는 것이 제 생각입니다. 왜냐하면 접종을 통해 일정한 사회적 방화벽을 설치하는 것이기 때문입니다. 앞서 천연두 박멸 과정에서도 언급한 것처럼 전염병은 사람과 사람 사이에서 옮겨갑니다. 그런데 백신을 맞은 사람은 그 병을 옮기지 않습니다. 만약 당신과 감염자 사이에 백 명의 사람이 있다고 생각해봅시다. 그 과정에서 감염자와 접촉하고 연이어 당신과 접촉할 수 있는 사람이 약 10명 정도라고 칩시다. 그 10명 중 9명이 백신 접종을 한 상태라면 당신에게 전염병균이 갈 확률은 1/10밖에 되지 않습니다. 이제 이걸 확장해봅시다. 콜레라균에 감염된 사람이 입국했습니다. 아직 감염이 확인되지 않은 상태라서 그는 공항과 그 주변에 있는 약 100명 정도에게 균을 옮깁니다. 물론 그 후 감염 사실이 확인되자 그는 격리조치 됩니다. 그런데 그 100명 중 98명이 어릴 때 콜레라 백신 접종을 했다면 이제 감염자는 2명만 늘어납니다. 그리고 그 두 명이 다시 감염시킬 수 있는 경우는 같은 조건일 때 4명입니다. 그러면 총 6명이 감염됩니다. 당국의 추적 끝에 대략 1주일 이전에 모든 경로가 파악된다면 이 한 명에 의한 감염은 이와 같은 방식으로 10명에서 20명 내외가 될 것이고, 초기에 적절하게 치료를 받으면 사망자는 없거나 한두 명이 될 것입니다. 이런 경우 콜레라 백신을 맞지 않은 사람이 설혹 있더라도 외국의 콜레라 발생 장소에 가지 않는다면 평생 콜레라에 걸릴 일이 거의 없게 됩니다.

그런데 만약 콜레라 백신을 맞은 사람의 비율이 98%가 아니라 90%라면 어떨까요? 1명의 감염자가 10명을 감염시키게 되고, 다시 10명은 100명을 감염시킬 수 있습니다. 80%라면 1명의 감염자가 20명을 감염시키고 다시 20명은 400명을 감염시키게 됩니다. 백신 접종을 거부하는 사람들이 늘어나서 50%라면 엄청나게 심각한 사태가 됩니다. 1명이 50명을, 50명이 2,500명을 감염시키는 결과를 보입니다. 병원균에 대한 방화벽이 완전히 무너지게 되는 거죠. 앞서 백신은 인체 내에 항체를 만들어서 병원균으로부터 인체를 보호하는 원리라고 했습니다. 사회에서도 마찬가지입니다. 백신을 맞은 사람들이 항체가 되어 전염병이 확산되는 것을 막게 되는 것이죠. 그런데 '설마 우리 아이가 걸리랴. 백신 맞지 않아도 잘만 자라더라. 혹시나 백신 맞고 문제 생기면 어떻게 해.' 식의 이기적 생각이 퍼져나가면 이런 심각한 사태가 생길수 있는 겁니다. 특히나 앞서 말씀드린 것처럼 소수이지만 백신을 맞을 수 없는 경우도 있습니다. 이런 사람들이 건강상 아무 문제가 없음에도 백신을 맞지 않은 다른 이들 때문에 전염병에 걸리게 된다면 그 책임은 누가 져야 하는 걸까요?

실제 외국의 사례를 보면 백신의 사회적 방어막이 무너져서 전염병이 유행한 사례들이 꽤 있습니다. 미국에서 음모론을 믿는 사람들이 백신 접종을 거부하면서 거의 사라졌던 홍역이나 백일해가 다시 폭발적으로 증가하고 있는 것이 대표적입니다. 또 미네소타 주의 소말리아 난민 출신 이민자 사회에서 홍역 백신을 기피하면서 2017년 대규모로 홍역이 유행했습니다. 그래서 2016년 미국 전체 홍역 환자보다 2017년 미네소타 주의 홍역 환자수가 더 많아지기도 했습니다. 아일랜드에서도 홍역 백신 논란 때문에 백신 접종률이 크게 떨어졌는데 그러자 1998년 56 건이던 홍역 발생률이 2008년엔 1,348건으로 250% 이상 늘어났 지요. 아직 우리나라에서 이런 사례가 나타나지 않은 것은 천만 다행입니다. 그렇기 때문에 '백신 반대 운동'이라는 전염병이 우 리나라에 돌기 전에 미리 '백신'을 놔야 하는 것이기도 하고요.

의료 괴담

17~18세기 이전의 유럽이나 미국의 의학은 다른 지역과 별반 차이가 나진 않았지요. 그러나 그 후 과학이 발달하면서 유럽과 미국에서 의학도 과학적으로 발달한 건 어찌 보면 당연하달 수 있습니다. 과학, 특히 생물학과 생리학의 발달은 의학에 큰 영향을 미쳤고, 또한 과학적 방법론이 의학에 도입되면서 서양의 의학은 더욱 정밀해졌지요. 그러면서 여타 지역의 의술과는 격차가 꽤나 많이 나게 되었습니다. 그런 서양 의학이 지구 전체로 퍼지면서 지역의 전통적 의술과 만나게 됩니다. 그 과정은 때로는 서로 돕고, 때로는 갈등을 일으키기도 하지요. 각 지역의 고유한 치료법에는 나름대로의 개연성이 있고, 실제로 효

과가 있는 경우도 꽤 많습니다. 반대로 서양 의학은 체계적이고 인과관계가 분명한 경우가 많지요. 여러 통계에서 드러나듯이 현대 의학이 각종 질병이나 부상에 대한 가장 좋은 대안이라는 점은 부정할 수 없습니다.

물론 현대 의학이 모든 병을 완전히 고칠 수는 없습니다. 그런데 이렇게 의학으로 고치기 어려운 경우 온갖 속설과 민간요법 혹은 대체 의학을 주장하는 모습을 자주 봅니다. 심한 경우 기존의 치료법을 완전히 중단하라고까지 하는 경우도 있습니다. 그런데 그런 비의학적 방법이 과연 정말 효과가 있을까요?

앞서 이야기한 것처럼 세계의 각 지역에서 내려오는 민간요법이나 전통적 의술에도 나름의 개연성이 있어서 연구가 진행되고 있지만 사실 좀 더 분명한 인과관계가 확인되어야 하는 경우가 대부분입니다. 옛날 우리 선조들은 이빨이 아프면 버드나무 줄기의 연한 부분을 아픈 이빨로 씹었습니다. 물론 효과가 있지요. 왜냐하면 버드나무 가지에는 진통제인 아스피린과 비슷한 성분이 있기 때문입니다. 자 그러면 이제 어느 쪽을 선택할까요? 버드나무 껍질을 씹을까요? 아니면 아스피린을 용법대로 먹을까요? 답은 간단합니다. 더구나 우리는 이제 아스피린이 단지 진통제일 뿐이며, 따라서 이빨이 아픈 근본적 원인을 진단해야 한다는 것도 압니다. 그래서 치과에 가서 이가 썩은 것인지, 아니면 이빨 표면이 깨져서 신경이 노출된 것인지, 아니면 잇몸질환인지를 진찰 받습니다. 저는 민간요법의 개연성은 인정하되 그 정확한 작용 기전을 밝혀내는 것이 더 중요하다고 생각합니다.

어찌 되었건 현대 의학이 아직 해결하지 못하는 문제, 혹은 해결 방법이 크게 마음에 들지 않는 질병 등에는 항상 민간요법이 등장하고 대체 의학이 등장합니다. 그와 함께 이상한 괴담도 돌지요.

한 번 인슐린 주사를 맞으면 평생 맞아야 한다?

당뇨병과 관련한 괴담을 한 번 이야기해보겠습니다. '한 번 인슐린 주사를 맞으면 평생 맞아야 한다. 그러니 다른 방법으로 당뇨병을 완치시켜야 한다.'는 이야기가 소위 민간요법이나 대체 의학에서 떠돕니다. 대단히 위험한 발상이지요. 이런 괴담은 주로 난치성 질환 혹은 완치가 불가능한 질환에 주로 많이 따라옵니다. 현대의학으로도 치료할 수 없으니 환자들 입장에서는 지푸라기라도 잡는다고 주변의 여러 이야기에 솔깃할 수밖에 없으니까요.

일단 당뇨병에 대해 먼저 알아보겠습니다. 당뇨병은 혈액 중의 포도당 농도가 제대로 조절이 되지 않아서 생기는 병입니다. 그 원인은 크게 두 가지인데 하나는 혈중 포도당농도(혈당량)를 조절하는 호르몬인 인슐린이 제대로 분비가 되지 않아서 생기는 경우로 인슐린 의존성 당뇨병이라고 합니다. 이런 경우는 인슐린 주사가 유일한 치료법입니다.

두 번째는 인슐린의 분비는 어느 정도 정상 수준을 유지하지만 여러 이유로 인슐린 저항성이 증가하여 생기는 것으로 인슐린 비의존성 당뇨병이라고 합니다. 이런 경우에는 운동과 식이요법을 병행하면서 체중을 감량하고 경구 혈당 강하제를 복용하는 방법을 주로 씁니다. 그런데 이런 방법으로 호전되지 않거나 임신을 한 경우, 또는 간 질환이나 신장에 이상이 있는 경우 등에는 인슐린 비의존성 당뇨병이라도 인슐린을 투여하여 혈당 조절을 해야 되는 경우도 있습니다. 이런 경우에는 인슐린 투여는 일시적인 것으로 중단 여부는 의사가 진단을 통해서 권고하게 됩니다. 물론 당뇨병이 오래되면 췌장의 인슐린 분비기능이 약해져서 지속적으로 맞아야 하는 경우도 존재합니다.

인슐린 의존성이냐 비의존성이냐에 대한 진단은 물론 당연히 의사가 하게 됩니다만 우리나라의 경우 비의존성 당뇨병이 90% 이상이라고 합니다. 그렇다면 우리나라 당뇨병 환자의 다수는 일시적으로 인슐린을 투여하는 경우는 있어도 상태가 호전되면 운동이나 식이요법 등의 방법으로 정상적인 생활이 가능하

　　　　　　　　　　　　　　과학이라는 헛소리

다는 이야기지요. 물론 초기 환자의 경우입니다. 당뇨병이 발생하고 경과가 오래된 경우에는 인슐린을 정기적으로 투여하는 것이 가장 나은 방법일 수 있습니다.

당뇨병이 완치되지 않는다는 건 사실입니다. 따라서 평생 관리를 해야 하지요. 인슐린 의존성 당뇨병의 경우에는 인슐린 투여를 통해서, 비의존성 당뇨병은 식습관 관리와 운동을 통해서 관리를 해야 합니다. 그러나 잘 관리를 하기만 하면 정상적인 생활이 가능한 병이기도 합니다. 그런데 이를 무턱대고 민간요법이나 대체 의학에 맡겼다가 상황이 악화되면 더 심각한 합병증이 나타날 수 있습니다.[5]

암은 칼을 대면 번진다?

비슷한 괴담으로 '암은 칼을 대면 번진다.'는 것이 있습니다. 대부분의 사람이 가장 두려워하는 병 중 하나가 암일 것입니다. 암이 두려운 이유는 일단 우리나라 사망원인 1위이기 때문인데요. 2017년 사망원인 중 암은 전체의 27.8%를 차지하고 있습니다. 즉 4명 중 1명은 암으로 사망하는 것이지요. 더구나 발생 원인이 워낙 다양해서 개인이 위험요소를 피해 예방을 하려 해도 힘듭니다. 그리고 치료 후 재발 가능성도 굉장히 높지요.

그러니 칼을 대면, 즉 수술을 하면 암이 번진다는 이야기를 들으면 어찌 두렵지 않겠습니까.

왜 이런 괴담이 나왔을까요? 암은 사실 다양한 종류가 있습니다. 백혈병이나 혈액암, 골수암 등 암이 처음 시작된 부위에 따라 굉장히 많은 암이 있는데 문제는 치료 후 재발 가능성이 부위에 따라 다르지만 전반적으로 높다는 것이지요. 우리나라 사람들의 경우 수술은 최후의 수단이라는 생각을 하고 있습니다. 다른 질환의 경우도 약물이나 운동, 식이요법 등을 통해 치료를 해보고 정 안되면 마지막으로 수술을 한다고 생각하지요. 그런데 마지막 수단인 수술 후에 재발을 한다니 얼마나 두렵겠습니까. 그래서 어떻게든 약물로 치료를 하기를 바라기도 합니다. 하지만 이는 잘못된 상식입니다.

암은 조기 발견이 대단히 중요합니다. 암은 그 경과에 따라 1기에서부터 4기까지 나뉘는데 1기에 발견된 암은 대부분 완치율이 아주 높고, 치료도 간단합니다. 하지만 기수가 오래되면 될수록 완치가 힘들지요. 조기에 발견된 암의 치료법으로 가장 좋은 것이 바로 절제술입니다. 즉 수술로 도려내는 것이지요. 일단 암세포를 완전히 도려내면 완치될 확률이 대단히 높습니다. 그러나 암세포는 워낙 증식속도가 빠르다는 문제가 있습니다. 수술 후에도 일부 세포가 다른 곳에 아주 작게라도 남아있다면 암

과학이라는 헛소리

이 재발될 수 있는 거지요. 현미경으로 봐야 겨우 보이는 정도의 작은 암세포라 의사들이 발견하기 힘든 경우도 있습니다. 그래서 대부분의 병원에서는 수술 후 일정한 기간 동안 항암치료로 혹시 남아있을지 모르는 암세포를 박멸하려고 합니다. 실제로 이런 방법을 통해서 완치되는 확률도 계속 늘어나고 있지요.

미국의 통계에 따르면 완치된 암 환자의 62%가 수술을 받은 것으로 밝혀졌습니다. 특히나 유방암이나 위암, 자궁암, 간암, 폐암 등 우리나라에서 가장 많이 발생하는 암들은 대부분 수술을 통해서 완치되고 있습니다. 결국 암 치료에서 가장 중요한 것은 조기 발견과 조기 수술이라고 암 전문의들은 주장합니다.[*]

당뇨병 환자들이 '인슐린을 한 번 맞으면 평생 맞아야 한다'든가 암 환자들이 '암은 칼을 대면 번진다'는 이야기를 듣게 되면 두렵습니다. 이는 당연합니다. 누가 평생 동안 매일 일정한 시간에 주사를 맞는 걸 달가워하겠습니까? 또 누가 재발 가능성이 큰 암을 두려워하지 않겠습니까? 당연히 이런 이야기를 의학적으로 바로 잡고, 다독이고, 설득하는 것은 일정 부분 의사의 몫이고, 주변 가족의 역할도 있을 것입니다.

그런데 이런 불안감과 두려움을 이용해서 검증된 현대의학

---

[*] 혈액암이나 백혈병 같은 경우에는 전신 질환이기 때문에 수술을 할 수가 없습니다. 이 경우는 수술을 할 수 없기 때문에 전신 약물 치료를 하는 것입니다.

대신 민간요법이나 대체 의학을 권하고, 또 그를 통해 이익을 얻으려고 한다면 정말 나쁜 짓이지요. 이렇게 권하는 이들은 몰라도 잘못한 것이고, 안다면 더욱 잘못한 것입니다. 사람의 생명을 가지고 장난을 치는 것은 있어선 안 될 일이지요.

특히나 도저히 말도 되지 않는 방법을 권하는 이들이 있어 문제입니다. 흔히 신앙의 힘으로 낫게 하겠다는 이들입니다. 하나님께 기도해서 낫게 하겠다니 무당이 굿해서 낫게 한다는 것과 무엇이 다릅니까? 더구나 치유의 은사를 받았다는 사람까지 등장하니 난리도 이런 난리가 없습니다. 특히나 신앙으로 치료한다고 아픈 자기 자식을 병원에 보내지 않고 기도만 하다 큰일이 났다는 이야길 들으면 열불이 터질 지경입니다. 손으로 기를 불어넣어 치료한다는 기치료도 마찬가지지요. 기껏 과학적으로 증명한다는 것이 손을 댄 부위의 체온이 올라가는 걸 확인한다는 정도입니다. 동네마다 있는 정형외과의 원적외선 치료기도 그 정도는 합니다. 아마 비용도 한 번에 3,000~4,000원 정도밖에 들지 않을걸요? 생명이 오가는 질환에 현대의학 대신 저런 방법을 쓰자고 권하는 것은 심하게 말씀드리자면 미필적 고의에 의한 살인과 별다를 바가 없다고 생각합니다.

현대의학이 온갖 치료 행위를 다 하고 손을 놨을 때, 더 이상 다른 방법이 없을 때, 혹시나 하는 마음으로 공기 좋은 곳에서

식이요법도 하고 운동도 하고 명상도 하면서 심신을 추스르는 것은 한편으론 어쩔 수 없는 일이고, 또 다른 한편으로 그렇게라도 해서 혹시 차도가 생기면 좋은 일일 터이지요. 말씀드린 것처럼 현대의학이 모든 병을 다 낫게 할 수는 없으니까요. 그러나 이런 경우가 아니면 제발 현대의학을 믿으시라고 말씀 드립니다.

지구 온도가 올라가고 있다니까요

쓰레기과학Junk Science이란 용어가 있습니다. 유사과학과도 비슷한데 뉘앙스가 조금 다릅니다. 유래가 좀 재미있습니다. 기후변화에 대한 논쟁 중의 이야깁니다. 지구 온난화에 대해 회의적인 사람들이 상대방 환경주의자들에게 '당신들은 지구 온난화가 일어난다고 먼저 결론을 내리고, 그 결론에 맞는 데이터만 선택하는 등 연구방법론에서 문제가 많은 연구만 하고 있다.'고 주장합니다. 그러면서 기후 변화가 일어나고 있다고 생각하는 과학계의 연구와 움직임에 대해 '쓰레기 과학'이라고 비난했지요. 그러면서 자기들을 과학적 회의주의와 지적 진실성을 유지하는 '건전한 과학'을 한다고 주장합니다.

그러나 사실은 '건전한 과학'을 한다는 '과학적 회의주의자'들이야말로 '쓰레기 과학'을 하고 있는 것입니다. 이들은 대략 두 부류로 나뉩니다. 먼저 다국적 에너지 기업으로부터 후원을 받고 연구비를 챙기는 사람들이 한쪽이고 신자유주의와 개발주의 정책에 호의를 보이는 사람들이 다른 한쪽을 맡고 있습니다. 물론 둘 다에 속하는 이들도 있지요. 이들이야말로 돈에 팔려서 혹은 자신의 정치적 입장에 유리하도록 과학을 속이는 이들입니다.

　　이들은 대기업의 후원을 받아 자기들끼리 학회와 저널을 만듭니다. 대기업의 후원을 받았으니 당연히 친기업적이고 자기들끼리 만들었으니 당연히 기후 변화에 부정적인 학회가 되고 저널이 됩니다. 그리고 학회와 저널을 통해 발표를 하는데 대부분 자신들의 독자적인 연구가 아니라 기후 변화, 즉 인간에 의한 지구 온난화를 주장하는 논문에 대한 비판입니다. 그 논문의 데이터가 문제가 있다고 주장하고, 측정 자체에 대해 문제를 삼습니다. 연구 설계에 하자가 있다고 주장하고, 통제가 제대로 되지 않았다고도 주장합니다. 또한 결론이 너무 성급하다고 말하고, 다른 요인이 있을 수 있다고 하지요.

　　사실 기후 변화는 대단히 다양한 요인에 의해 이루어집니다. 누구나 알고 있는 사실이지요. 실험을 하기도 쉽지 않을뿐더러, 실험실에서 행한 작은 규모의 실험으로 전 지구적 변화에 대입하기도 어렵습니다. 이런 약점을 파고드는 것이지요. 그리고 인용지수를 높이기 위해 서로 논문 인용을 주고받지요. 마치 권위 있는 논문이라도 되는 양 말입니다. 그리고 이를 바탕으로 보수적이고 친기업적인 언론을 통해 일반인들에게 '인간에 의한 지구온난화'는 일부 환경주의자들과 성급한 과학자들이 만들어 낸 거짓말이라고 홍보를 하는 겁니다.

기후 변화, 즉 인간에 의한 지구 온난화를 주장하는 과학자들에 대한 이런 공격이 심해지자 미국 국립 과학 아카데미 회원인 중견 과학자 250명이 2010년 5월에 권위 있는 과학학술지인 「사이언스」에 '기후 변화와 과학의 진실성Climate Change and the Integrity of Science'이란 제목의 특별 성명을 내기까지 합니다.[7]

이 과학자들은 지구 온난화 이론이 잘 입증된 이론의 지위를 얻었다고 주장합니다. 우리 행성이 대략 45억 년의 나이를 지니며(지구 기원 이론), 우주는 약 140억 년 전에 단일 사건(빅뱅이론)에 의해 태어났고, 오늘날의 유기체는 과거의 유기체에서 진화되었다(진화론)는 것과 같은 범주에 속한다고 이야기합니다. 즉 과학적 결론은 언제든 틀린 것으로 반증될 가능성이 있지만 이런 사건들은 대다수 과학자들 사이에서 '잘 정립된 이론'이며 '사실'이라고 여겨진다는 것이죠.

이들은 다음의 내용이 과학적 '사실'이라고 정리했습니다.

과학이라는 헛소리

1) 대기 중 온실가스의 농도가 증가하여 지구가 온난해지고 있습니다. 워싱턴의 눈 덮인 겨울이 이 사실을 바꾸지 않습니다.

2) 지난 세기 동안 온실가스의 농도 증가는 대부분 인간 활동, 특히 화석 연료의 연소와 삼림 벌채 때문입니다.

3) 자연적 원인도 지구 기후 변화에 항상 역할을 하지만 인간이 유도한 변화가 압도적입니다.

4) 지구의 온난화는 해수면 상승률의 증가와 해수 순환의 변화를 포함하여 현대에 전례 없는 속도로 많은 기후 패턴을 변화시킬 것입니다. 이산화탄소 농도가 상승함에 따라 대양은 더욱 산성화되고 있습니다.

5) 이러한 복잡한 기후 변화의 조합은 해안 지역 사회와 도시, 식량 및 수자원, 해양 및 담수 생태계, 산림, 고산 환경 등을 위협합니다.

또한 '우리는 동료에 가해지는 형사 기소 위협, 행동을 방해하려는 정치인들의 괴롭힘, 그들에 대한 거짓말 등 위협의 종식을 요구합니다.'라며 정치인과 기업, 그리고 일부 과학자들에 의한 기후 변화를 연구하는 과학자에 대한 위협에 우려를 표합니다.

그리고 또한 다음과 같이 말합니다. '우리 사회는 두 가지 선택을 할 수 있습니다. 과학을 무시하고 머리를 모래 속에 숨기고는 운이 좋았으면… 하고 그냥 있든가, 아니면 기후 변화의 위협을 신속하고 실질적으로 줄이기 위해, 그리고 공공의 이익을 위해 행동할 수 있습니다. 슬기롭고 효과적인 행동이 가능하다는 것은 좋은 소식입니다. 하지만 머뭇거리는 것은 선택 사항이 아니어야 합니다.'

그러나 이 편지 이후 미국의 상황은 더 나빠져만 갑니다. 기후 변화 부정론의 대표주자인 도널드 트럼프가 미국의 대통령이 되었죠. 그래서 2017년 봄에 과학자들은 '과학을 위한 행진March for Science'을 기획하고, 거리 시위에 나서기도 합니다. 그때 들고 나온 팻말 중에는 이 책의 주제와 맞닿아 있는 것도 있습니다. 바로 "대안적 사실이 아닌, 과학적 사실을 믿어라Trust Scientific Facts, Not Alternative Fact*"죠. 과학자들이 거리 시위를 나서야 할 만큼 위기의식을 느낀 겁니다.

사실 쓰레기 과학은 기후 변화에만 국한된 것이 아닙니다. 일반적으로 시장경제를 옹호하는 시장자유주의자들이 시장자유

---

* 대안적 사실Alternative Fact이란 표현은 2017년 미국의 유행어입니다. 도널드 트럼프의 취임식에 대해 백악관의 숀 스파이서 대변인이 거짓말을 합니다. 이에 대한 해명을 요구한 NBC 앵커에게 백악관 선임고문인 캘리언 콘웨이가 "당신은 그가 거짓말을 했다고 하지만, 스파이서는 대안적 사실을 제시한 겁니다."라고 한 데서 시작된 말이지요.

화에 반대하는 연구를 가리키는 데 사용되고 있기 때문이지요. 기후 변화만 아니라 환경 문제, 담배, 보건, 공중위생 등 기업 활동을 방해하는 연구는 모두 쓰레기 과학이라고 하지요.

대표적인 예로 휴대전화와 건강 문제가 있습니다. 연구자들이 '휴대전화 사용이 건강에 미치는 영향'을 분석한 논문 59건을 다시 분석해봤더니 기업에서 후원한 연구가 다른 논문보다 더 많이 휴대전화가 건강에 부정적 영향을 미치지 않는다는 결과를 내놓는다는 걸 발견했습니다. 마찬가지로 니코틴의 지각력 향상에 대한 논문을 분석한 연구도 있습니다. 이 경우에도 담배회사가 후원한 연구에서 '니코틴이 지각력 향상에 기여한다'는 연구가 나온 비율이 훨씬 더 높았습니다. [8]

우리나라의 대표적인 예로는 가습기 살균제 보고서가 있습니다. 2016년 가습기 살균제 제품의 독성을 조작하여 보고서를 제출했던 교수가 있었지요. 해당 기업인 옥시레킷벤키저는 그의 개인 계좌로 수천만 원을 입금했습니다. 그는 구속 기소되었는데 법정에선 무죄선고를 받았습니다. 하지만 재판과정에서 그가 기업에 불리한 데이터를 삭제하고, 업체의 요구를 최대한 반영한 것은 사실로 확인되었습니다.

이와 같이 일부 양심을 팔아먹은 과학자와 기업, 그리고 특정한 정치적 입장을 가진 이들이 과학의 이름을 빌어 자신의 이익을 추구하는 경우가 종종 있습니다. 문제는 이런 쓰레기 과학의 주장이 언론을 타기 아주 쉽다는 것입니다. 과학자들은 자신의 연구를 발표하는 척 언론에 홍보를 합니다. 기업들은 이들 과학자들에게 돈을 대고, 학술발표를 후원하고, 학회지를 발간하게 합니다. 정치인들은 이 과학자들의 주장을 근거로 국회에서, 기자회견장에서 논란을 증폭시킵니다. 언론의 입장에서야 흔히 말하는 대로 기사 '거리'가 되는 것이지요. 더구나 한창 논쟁중인 사안이니 더 하지 않겠습니까? 정말 이런 사람들을 보면 무언가 단단히 잘못되었다는 생각이 듭니다.

 ## 체크리스트

백신을 안 맞는 사람이 늘어나면 전염병이 유행하기 쉽다	O
암은 초기에 제거하는 것이 가장 완치율이 높다	O
누구든 인슐린 주사를 한 번 맞으면 평생 맞아야 한다	X
인간에 의한 지구 온난화라는 주장은 불확실하다	X

과학이라는 헛소리

5

상식이라고
생각했지만

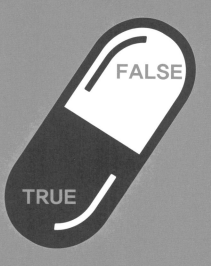

천연물질 VS 화학합성물

아침마다 꼬박꼬박 비타민을 챙겨 드시는 분이 꽤 많습니다. 비타민을 사러 약국이나 마트에 들리면 웬 비타민 종류가 그렇게나 많은지 혼란스럽지요. 그래서 이리저리 살피다 보면 '천연' 비타민이란 문구에 혹합니다. 천연 성분이니 '합성' 비타민보다 더 좋겠다고 생각을 하시는 경우가 많지요. 소금도 천일염이 정제염보다 더 좋다고들 하지요.

언제부턴가 '천연', '자연', '유기농'이란 단어들이 뭔가 더 친환경적이고, 몸에도 더 좋으며 '화학', '합성' 이런 용어들이 들어가면 몸에 덜 좋거나 나쁘다고 생각하는 분들이 많아졌습니다. 그런데 정말 그럴까요? 흔히 20세기는 화학의 세기라고도 하는데 '화학'이라는 단어가 어쩌다가 몸에 나쁘고 허접스러운, 그리고 값싼 물건에 붙는 낙인이 된 걸까요?

그리고 바른 생각을 하고 바른 말을 하고, 바르게 원하면 모든 게 이루어진다는 식의 교훈은 어쩌다 과학이 된 걸까요? '과학이 모든 걸 설명해주진 않잖아. 과학이 다루지 못하는 신비한 영역에 우리가 잘 모르던 진실이 있어.' 라는 말을 하면서 자신의 주장에 대해 마치 과학적으로 증명된 듯이 말하는 이들은 어떤 생각을 가지고 있는 걸까요? 온라인 서점의 과학 분야 베스트셀러가 되어 몇 년을 버티고 있는 물에다 대고 '예뻐'라고 말하면 물이 아름다운 결정을 이룬다는 궤변을 담은 책의 주장에 대해서도 다뤄봅니다.

피라미드 모양의 구조물에는 우리가 미처 깨닫지 못한 신비한 힘이 있다는 주장에 대해서도 살펴보려고 합니다. 사실 요사인 별로 많이 퍼지진 않고 있는 내용이긴 하지만 마치 과학이 풀지 못한 신비인양 몇십 년을 우려먹는 신과학New Age Science의 새롭지도 않고 과학적이지도 않은 이야기의 대표적인 예로서 다룰 가치가 있다고 판단했습니다.

천연비타민이 과연 좋을까

천연비타민이 좋다는 주장을 살펴보면 첫째로 꼽는 것은 천연비타민이 합성비타민에 비해 흡수율이 더 높다는 점입니다. 두 번째는 천연비타민에는 단백질, 당류, 바이오 플라보노이드 같은 천연부산물이 들어 있어 많이 먹어도 부작용의 염려가 없다고 합니다. 심지어 합성비타민을 많이 먹으면 일찍 죽는다는 말도 있지요. 덜컥 겁이 납니다.

그러나 우리가 천연비타민이라고 알고 있는 시중에서 파는 비타민 제품의 표시를 자세히 보면 '천연 원료 비타민'이라고 쓰여 있습니다. 식품의약품안전처 규정에 따르면 '인공향, 합성착색료, 합성보존료가 들어있지 않고 화학적 공정을 거치지 않은 건강기능식품'에만 천연이란 표시를 할 수 있기 때문이지요. 즉 저 규정에 맞춰 비타민을 만들 수는 없기 때문에 '천연 원료 비타민', '천연 유래 비타민'이란 표시를 할 수밖에 없는 겁니다. 더구나 '천연 원료 비타민'이란 표시는 천연 원료가 1%만 있어도 되기 때문에 업체 입장에서는 '원료' 두 글자를 더 넣고 만드는 거지요. 흡수율이 높다는 천연비타민이 1%고, 먹으면 일찍 죽는다는 합성비타민이 99%라고요? 업체의 얄팍함에 대해 화가 나는 건 당연합니다만 잠시 살펴봅시다.

진짜 천연비타민을 먹는 것은 아주 간단합니다. 야채나 과일을 생으로 먹으면 되지요. 그야말로 천연비타민입니다. 사실 우리나라 사람들의 식습관으로 보면 야채를 통해 충분히 비타민을 섭취하고 있기 때문에 더 많은 비타민을 먹을 필요가 없지요. 현재 비타민 C의 하루 적량은 대략 60mg 정도 됩니다. 일부에서는 120mg으로 올려야 한다고도 합니다만 우리나라 평균 섭취량이 일일 135mg이니 충분하네요. 음식을 통해 비타민 C를 저 정도 섭취한다면 나머지 비타민도 충분히 섭취할 수 있습니다. 그래서 저는 사실 야채나 과일을 충분히 섭취하고 있다면 따로 비타민을 먹지 않아도 괜찮다고 생각합니다. 물론 환자나 특수한 경우에는 의사의 진단에 따라 복용해야겠지만 말입니다.

그러나 이런 야채나 과일에서 비타민만 따로 추출해서 천연비타민을 만드는 것은 불가능에 가깝습니다. 우선 천연원료에서 비타민을 추출하는 과정이 필요합니다. 우리 주변의 과일 중 비타민 C 함유량이 제일 높은 것이 유자인데 100g당 150mg입니다. 레몬이나 오렌지는 모두 100mg도 되지 않습니다. 즉 1/1000 정도밖에 되지 않는 거지요. 결국 천연비타민을 만들려면 일단 전체의 99.8~99.9% 정도를 버리고 비타민만 빼내야 합니다. 물론 나머지도 재활용을 하기야 하겠지요. 어찌되었든 이 과정이 단순히 절구에 빻거나 믹서기에 돌려서는 답이 나오질 않습니다. 결국 화학적 공정을 거쳐야 하는 것이지요. 천연 원료에서 비타민을 추출했다고 다가 아닙니다. 이를 알약이나 캡슐로 만들려면 응고제 같은 첨가물이 필수적이기 때문이지요. 더구나 이런 방식으로 만들면 비용이 천정부지로 치솟습니다. 그래서 천연 재료는 1% 정도 넣고 나머지는 합성비타민으로 채우는 겁니다.

따라서 '천연 물질'이나 '천연 유래'가 쓰여 있지 않은 비타민과 쓰여 있는 비타민의 차이는 저 1% 밖에 없는 거지요. 그리고 둘 다 화학 공정은 물론 들어갑니다. 결국 '천연비타민'이라고 할 수 있는 건 말 그대로 가공하지 않고, 즉 알약이나 가루나 캡슐 형태가 아닌 음식 그 자체로 먹을 때만 쓸 수 있는 말입니다.

그런데 여기서 의문을 하나 제기해봅니다. 화학 공정이 과연 나쁜 걸까요? 또 화학합성으로 만든 비타민은 과연 질이 떨어질까요? 일단 비타민 제제를 정말 먹어야 하느냐를 떠나서 저 공정이 문제가 있을까요? 옛날 조선시대에 환약을 만들 때도 수작업이지만 저런 공정이 들어갔습니다. 손으로 하던 걸 기계로 바꾼 것밖에 없어요. 더구나 그 과정에서 위생처리도 더 엄격해졌고, 용량도 정확해졌으니 오히려 그때보다 나은 겁니다.

또 하나 생각해봅시다. 과연 천연비타민은 합성비타민보다 좋을까요? 비타민 하면 가장 먼저 떠올리는 비타민 C의 경우 합성비타민과 천연비타민은 화학구조가 동일합니다. 즉 완전히 똑같은 거지요. 따라서 우리 몸에 흡수되면 구분이 될 턱이 없습니다.[9] 그럼에도 불구하고 합성비타민C가 나쁘다는 분들이 있습니다. 합성비타민 C는 옥수수 전분으로 만듭니다. 그런데 그 옥수수가 유전자조작식품GMO이라는 거죠. 물론 옥수수의 경우 GMO인 경우가 대단히 많지요. 하지만 GMO라고 전분의 화학식이 다르다거나 비타민의 구조가 다른 게 아닙니다.

천연비타민이 합성비타민보다 나은 경우도 있습니다. 비타민 E의 경우 천연비타민은 D-알파-토코페롤이라 하고 합성비타민은 DL-알파-토코페롤이라고 하는데 천연비타민이 2배 정

과학이라는 헛소리

도 흡수율이 높습니다. * 그러나 비타민 B_{12}의 경우 노인의 흡수율이 떨어지는 경우가 많은데 합성비타민의 경우 흡수율이 떨어지지 않습니다. 임산부들이 먹는 엽산의 경우도 합성 엽산의 흡수율이 천연 엽산보다 두 배가 높습니다. 그 외에도 합성비타민이 천연비타민에 비해 부작용이 적거나 흡수율이 높은 경우가 종종 있습니다.

따라서 특별한 경우 비타민 제제를 먹는다면 천연 물질이라는 말에 혹할 필요가 없다는 것이죠. 괜히 가격만 부풀려진 천연비타민인 거지요. 더구나 건강보조식품의 형태로 먹는다면 용법만 제대로 지키면 하루에 필요한 비타민은 대부분 섭취된다고 봅니다. 단 너무 많이 먹으면 안 됩니다. 기존 연구에 따르면 권장량의 10배 정도를 먹을 경우 부작용이 생긴다는 보고들이 있습니다. 뭐든 안 그렇겠어요. 물도 하루 권장량의 열 배를 먹으면 목숨이 위험할 수 있습니다.

---

*   원래 비타민 E는 광이성질체를 합해서 대략 40가지 정도 됩니다. 크게 α, β, γ, δ 네 가지로 구분하며, 그 중 주요한 것은 알파 토코페롤입니다. 알파 토코페롤 자체도 몇 가지 이성질체가 있는데 천연 토코페롤은 D-알파-토코페롤이고 합성 토코페롤의 경우 8가지 이성질체가 섞여있습니다. 이를 DL-알파-토코페롤이라고 합니다.

정제는 나쁘다

　몇년 전 TV에 방영된 프로그램에서 촉발된 천일염과 정제 염에 대해서도 같이 생각해봤으면 합니다. 흔히들 천일염은 사람 의 손으로, 그리고 햇빛으로 만들어낸 자연식품이어서 좋고, 정 제염은 공장에서 만든 것이니 사람 몸에 좋지 않다고들 말합니 다. 과연 그럴까요? 우리나라에서 만드는 천일염과 정제염은 둘 다 바닷물이 원료입니다. 바닷물을 태양을 이용하든, 아니면 끓 여서 증발시키든 일단 바닷물을 없애고 남은 나머지지요. 그런 데 바닷물에는 소금만 있는 게 아닙니다. 중학교에서도 가르치지 요. 염화나트륨, 즉 소금이 가장 많고 그 다음이 염화마그네슘입 니다. 그 외 염화칼슘, 황산나트륨 등 다양한 물질이 섞여 있습니다. 섞여 있는 비율은 대략 비슷합니다. 그리고 우리가 바다에 버린 각종 물질들도 섞여 있을 수 있습니다. 특히나 요즘은 옛날과 달라서 해양 오염도 무시할 수 없지요. 따라서 이런 물질들을 걸러줘야 합니다. 청정바다에서 생산하는 소금이라고 하지만, 상대적으로 청정하다는 것이지 오염물질이 없을 수 없는 거죠.

천일염도 정제염도 이 과정을 거칩니다. 하지만 정제염이 더 철저하지요. 재결정, 분별결정 등 우리가 화학시간에 배운 방법을 통해 염화나트륨 이외의 다른 물질들을 최대한 걸러냅니다. 천일염은 상대적으로 염화나트륨 이외의 잔존물들이 좀 더 많습니다. 그래서 천일염의 경우 포댓자루에 담아 몇 년 묵힌 것을 더 쳐주죠. 간수가 빠져나가 더 달다고들 합니다.[*] 특히나 김장을 할 때는 이렇게 몇 년 묵힌 걸 써야 합니다. 금방 만든 천일염으로 김장을 하면 염화마그네슘 때문에 써서 먹질 못하거든요. 그런데 천일염이 더 좋다고요? 저는 전혀 이해가 되질 않더군요. 일부 사람들은 정제 과정에서 화학약품을 쓰기 때문에 좋지 않다고 하지만, 공정을 제대로 지키기만 하면 우리가 먹는 소금에 그런 약품은 남아 있지 않습니다. 더구나 천일염을 만드는 환경을 보자면 꽤나 많은 곳에서 대기에 노출된 상태로 바닷물

---

[*] 소금이 달게 느껴질 리가 있습니까? 사실은 쓴맛을 내는 염화마그네슘이 빠져나가니 상대적으로 단 것으로 느껴질 뿐입니다.

을 말리는데 그 과정에서 불순물이 들어갈 확률이 더 높지 않겠어요?

혹자는 그래도 천일염이 전통적인 방식이라고, 소중한 우리의 유산이라고도 합니다. 천일염이란 방법이 수천 년 내려온 방식이라면 그럴 수도 있습니다만 일제강점기에 일본에서 들어온 것인데 무슨 전통이란 말입니까? 우리 전통의 방식은 바닷물을 끓여서 만드는 자염煮鹽이란 방식인데 비용이 많이 들어서 사용되지 않고 있습니다. 또 천일염에 섞여있는 미네랄 성분이 몸에 좋다고 하는데 천만의 말씀입니다. 이미 우리는 소금 섭취량이 과다한 편입니다. 소금 섭취량을 줄여야 하는 거죠. 그렇게 소금 섭취량을 줄이는데 소금보다도 훨씬 적게 든 미네랄이 무슨 소용이 있답니까? 차라리 채소나 과일을 더 드시는 편이 좋습니다. 우리 몸에 필요한 미네랄은 채소와 과일, 김치 등에 충분히 들어 있습니다(물론 고기만 드시면 부족할 가능성이 높습니다). 더구나 염화나트륨 이외의 잔존물이 있다는 이야기는 오염물질의 경우도 남아 있을 가능성이 더 높다는 말이기도 합니다. 왜 굳이 비싼 돈 들여서 오염물질이 있을 가능성이 더 높은 천일염을 먹겠습니까?

화학은 어쩌다 나쁜 것이 되었나

　19세기 말에서 20세기 초에 본격적으로 화학공업이 발달합니다. 그전까지는 화학공업이라 할 만한 것이 마땅히 없었습니다. 물론 화약을 제조하고, 옷감에 물을 들일 염료를 만드는 등 기초적인 화학공업이 아예 없었던 것은 아니지만요. 그러나 암모니아를 대량생산하게 되고, 이를 이용한 화학비료와 화약제조가 급속도로 성장하면서 화학공업은 산업으로서 그 면모를 드러냅니다. 황산과 알칼리도 대량 제조가 되죠. 그리고 마침 등장한 자동차와 함께 석유화학공업도 발달하기 시작합니다.

　곧 전쟁이 일어났습니다. 1차 세계대전과 2차 세계대전이 일어나면서 물자가 부족해지기 시작합니다. 전쟁은 파괴의 기술이지 생산의 기술이 아니니까요. 부족한 물자를 대체하기 위해서 화학공업이 더 비약적으로 발달합니다. 합성 섬유가 개발되고, 합성 고무가 만들어집니다. 그만이 아니죠. 석유화학의 발달은 우리의 일상생활을 완전히 바꾸어 놓습니다.

혹시 박물관에 가보신 적 있나요? 특히나 생활사 박물관에 가보면 옛 선조들이 어떻게 살았는지를 잘 살펴볼 수 있습니다. 옷이며 장신구, 농사용 기구, 주택, 가재도구 등을 보다 보면 꽤 많은 것들이 유기화합물, 즉 식물이나 동물이 원료인 제품들임을 알 수 있습니다. 비단, 면, 모시, 나무 지팡이, 볏짚, 나무 서까래 등등이지요. 거기에 철과 돌멩이 정도가 추가되는 것입니다. 우리나라만 아니라 세계가 다 그랬지요. 그런데 석유를 분리해서 이리저리 잘 맞추면 기존 유기화합물이나 철, 돌을 대체할 수 있는 제품을 대량으로 싸게 만들 수 있습니다.

그래서 석유화학제품이 만들어지고 팔렸지요. 20세기 초중반은 일상용품이 급격히 석유화학제품으로 대체되는 시기였습니다. 나일론, 레이온, 합성고무, 플라스틱, 비닐, 스티로폼 등이 온갖 제품으로 쏟아져 나왔고, 사람들은 환호했지요. 더불어 화학의 발달은 석유화학제품 이외에도 다양한 편의를 제공했습니다. 기존의 방법보다 훨씬 싸게 대량으로 합성되는 의약품이 나왔고, 음식의 보존성을 높이는 첨가제와 향과 맛을 높이는 합성 조미료가 개발됩니다. 이제 대량 생산, 대량 소비의 시대가 시작되었습니다. 그리고 가능한 많은 사람들이 살 수 있도록 싼 가격에 공급이 됩니다. 그러나 싼 가격은 품질을 낮추는 결과를 낳기도 합니다. 그 과정에서 화학제품은 싸고 편리하지만 질이 낮은 제품이란 이미지가 굳어지지요.

생활 수준이 높아지면서

소시지를 한 번 예로 들어볼까요? 수작업으로 만들던 소시지가 식품회사에서 대량으로 만들어지면서 돼지고기의 함량은 줄어들고 밀가루가 대체합니다. 당시는 돼지고기 비중이 높으면 재료비 때문에 가격이 높아서 사 먹을 사람들이 별로 없었거든요. 흔히 우리가 추억의 맛이라고 먹는 빨간 소시지인데 사실 맛이 없지요. 그러다 생활 수준이 높아지고 소비자들이 좀 더 고급 제품을 원하자(사실은 기업이 프리미엄 제품을 개발해서 새로운 수요를 창출한 것이라 보는 것이 더 정확할 듯도 싶습니다만) 기업체에서 만드는 소시지에서 밀가루의 함량은 줄어들고 돼지고기의 함량이 높아집니다. 물론 가격도 비싸지지요. 서로 경쟁이 되니 좀 더 높은 품질의 제품을 만들어냅니다. 이제 얼추 대량 생산 이전에 먹던 소시지랑 비슷한 정도가 됩니다.

그러나 여기에 만족하지 못하는 분들이 있지요. 해외 여행이 자유로워지면서 소시지의 본고장에서 제대로 만든 소시지를 맛본 분들은 그 맛을 잊지 못하고 한국에서도 찾게 됩니다. 그런 이들이 늘어나자 작은 가게를 중심으로 수제 소시지가 등장합니다. 이제 공장에서 만든 값싼 제품을 먹을 것이냐, 아니면 비싸더라도 일일이 사람 손으로 만든 비싼 소시지를 먹을 것이냐는 여러 가지 선택지가 마련됩니다.

다른 식료품에서도 비슷한 일들이 벌어집니다. 그러면서 '수제'는 맛있고 믿을 수 있고 비싼 제품이 되고, 공장 제품은 맛없고 신뢰가 가지 않는 싸구려 제품이 되었습니다.

환경 문제에 눈 뜨다

그런 와중에 화학공업의 어두운 면이 드러납니다. 여러 가지 환경 오염문제가 나타나기 시작한 거지요. 해양오염, 수질오염, 대기오염, 토양오염 등 다양한 문제가 발생합니다. 무분별한 공업화는 지구와 지구에 사는 다른 다양한 생물들에게 치명적인 피해를 입힌다는 사실을 알게 되었습니다.

우리나라에서도 마찬가지지요. 더구나 압축적 공업화는 유럽이나 미국이 약 200년 동안 겪었던 일을 수십 년만에 겪게 하였고, 그 과정에서 온갖 오염물질이 우리 주변을 둘러싸게 됩니다.

그뿐만이 아니죠. 식료품에 들어가는 첨가물 중에는 알고 보니 몸에 나쁜 것도 있었고, 생활용품 중에도 건강에 해로운 제품들이 있다는 사실을 알게 되었습니다. 이런 과정에서 화학합성 제품에 대해 '싸고 편리하지만 건강에 좋지 않고 환경에도 나쁜 제품'이란 이미지가 확고해졌죠. 또한 1970~80년대의 긴 독재를 끝내고 민주화가 되면서, 독재정권에 대항하여 환경 운동을 활발히 벌이던 분들이 환경 운동의 일환으로 친환경 제품을 만들어 시장에 새로 진출했으며, 소득수준이 높아지면서 조금 비싸더라도 건강에 좋고, 환경에도 좋은 친환경 제품을 쓰자는 열풍이 붑니다. 그래서 유기농제품, 친환경제품, 천연제품이 비싼 가격에도 많이 팔리고 있지요.

하지만 이런 세태가 반영되어서인지 천연 제품은 무조건 좋고, 화학합성제품은 무조건 나쁘다는 인식이 고정관념이 되어버렸습니다. 그리고 이를 이용해먹는 나쁜 사람들도 있지요.

나일론은 화학합성 섬유입니다. 석유가 원료이지요. 그러나 스타킹을 만드는 데는 나일론이 가장 좋습니다. 피부에 직접 닿는 스타킹이지만 나일론이라는 섬유 자체가 안전성 면에선 큰 문제가 없기 때문이지요. 물론 쓰고 난 뒤 버리면 분해가 잘 되지 않는 문제는 있습니다. 인견이라 하는 레이온의 경우 합성섬유로 알고 있지만 사실 재료는 나무의 펄프입니다. 펄프를 가공해서 만들지요. 천연 소재라고 할 수 있습니다만 다른 천연 섬유가 그 원료를 알고 있고, 물성이 크게 변하지 않은 것에 비해, 원료도 잘 알려지지 않았고, 물성이 많이 변해서 합성섬유로 알고 있는 것이지요. 일단 재료로 보면 천연 섬유가 맞습니다. 그렇다고 레이온이 온전히 좋은 것은 아니지요.

서울시 중랑구에는 녹색병원이라는 의료기관이 있습니다. 이 의료기관은 원진레이온에서 일하다가 병에 걸린 산재노동자들의 투쟁의 결과물입니다. 당시 원진레이온에서 일하던 노동자들 중 대부분은 황화수소 가스에 중독되어 죽거나 평생에 걸친 후유증을 가지게 되었습니다. 결국 원진레이온은 문을 닫고 기계는 대부분 중국으로 팔려갑니다. 그래서 지금은 레이온 원사를 중국에서 들여오죠. 중국은? 여전히 공장 내 환경 오염 문제가 심각합니다.

대표적인 천연 제품인 면은 그럼 좋을까요? 면은 면화로 만듭니다. 17세기 이후 면화의 생산은 주로 미국 남부와 기타 지역의 노예 생산품이었습니다. 그리고 지금은 인도와 중앙아시아에서 가장 많이 생산되지요. 이 면화를 생산하기 위해 건조한 지역에 억지로 물을 대다가 세계에서 네 번째로 큰 호수였던 아랄해는 물이 거의 말라버렸습니다. 우즈베키스탄에선 목화 수확철에 전 국민이 동원됩니다. 심지어 어린아이들까지 강제 동원해서 목화를 따게 하지요. 인도에서 생산되는 면은 95%가 GMO 작물인데 GMO라서 문제가 아니라, 해충에 강하게 만들어진 GMO인데도 내성이 생긴 해충 때문에 살충제를 퍼붓듯이 하여 생산한다는 거지요. 더구나 그 종자는 다국적기업인 몬산토가 장악하고 있고, 현지의 토종 종자는 씨가 말라가고 있습니다. 이렇게 수확된 면화는 다시 동남아로 가서 저임금 노동에 의해 가공됩니다. 우리가 입고 있는 면 셔츠의 대부분은 이런 과정을 통해서 만들어집니다.

모피의 경우는 따로 말할 필요도 없겠지요. 모피 생산과정에서 일어나는 잔혹한 일들은 차라리 식용으로 쓰이는 가축들의 상황보다 더 처참한 경우가 많습니다. 물론 양털을 깎아 만든 모직제품은 조금 다르지만요.

문제가 여기서 끝나는 것은 아닙니다. 그 많은 면화와 뽕나무, 양떼를 기르려면 대단히 넓은 농지와 초지가 필요합니다. 그 땅은 원래 인간 이외의 다양한 생물들이 나름의 생태계를 꾸리던 곳이죠. 그곳에 살던 생물들에게 우리가 입을 옷을 위해 떠나라는 것은 과연 올바른 일일까요?

물은 알고 있을까

　사실 『물은 답을 알고 있다』는 아직도 유수의 온라인 및 오프라인 서점에서 '과학' 분야 베스트셀러로 이름을 올리고 있습니다. 부끄러운 일이지요.

　최근 인터넷상에서 화제가 된 일이 있습니다. 미국의 한 초등학교 교사가 사과 두 개를 놓고 아이들에게 한쪽 사과에는 '미워, 나빠, 못생겼어.' 같은 나쁜 말을 하고, 다른 쪽 사과에는 '사랑해, 예뻐' 같은 좋은 말을 해보라고 시켰습니다. 초등학교 아이들이니 당연히 선생님이 시키는 대로 했지요. 그리고 나선 사과를 잘라보니 나쁜 말을 들은 사과는 속이 멍이 들어있었고, 좋은 말을 들은 사과는 아주 싱싱했다는 거지요. 그러면서 교사는 말했답니다. 사과 하나도 좋을 말을 들을 때와 나쁜 말을 들을 때 이렇게 차이가 나는데 사람은 더하지 않겠냐. 서로서로에게 고운 말 좋은 말을 하도록 하자. 그런데 사실 교사가 나쁜 말 사과를 일부러 쳐서 멍이 들도록 만들었다는 게 나중에 밝혀졌습니다.

물론 교사의 의도야 선했습니다. 그러나 의도만 좋으면 다 좋은 걸까요? 아이들은 나중에 그 사과가 일부러 멍들게 만들어진 거란 걸 알고도 교사의 생각대로 따를까요? 차라리 마음이 상해서 누군가에게 욕을 하고 싶어 못 견디겠으면, 사람 대신 사과에다 대고 욕을 하라고 가르치는 게 더 낫지 않았을까요?

비슷한 예가 『물은 답을 알고 있다』입니다. 물론 이 책의 지은이도 앞서의 교사처럼 '선한 의도'를 가졌는지는 모르겠습니다만. 이 책의 핵심 내용은 '물은 우리가 한 좋은 말과 나쁜 말을 안다. 그러니 좋은 말을 하도록 하자. 우리 몸의 70%가 물이니 우리가 좋은 말을 해야 우리 몸도 좋아진다.'입니다.

그런데 말입니다. 왜 물은 모든 걸 알고 있을까요? 저자는 물이 46억 년간 지구상에 있었기 때문이랍니다. 아… 뭐라 말해야 할까요? 하필이면 물이었을까요? 지구가 처음 만들어질 때부터 있었던 것은 물뿐만이 아니라 철도, 니켈도, 황도, 산소도 마찬가지였는데 왜 물만 모든 걸 알고 있을까요? 그리고 물이 정말

46억 년간 지구상에 존재했을까요? 지구상에 존재하는 물 중 많은 양이 사실은 지구가 생긴 다음에야 지구에 도착합니다. 지구가 처음 생겼을 때는 태양계에 작은 천체들이 굉장히 많아서 영화 〈아마겟돈〉처럼 지구로 떨어지는 소천체가 엄청나게 많았습니다. 그리고 그 천체들은 물을 꽤나 많이 포함하고 있었지요. 사실 우주 전체로 보면 수소나 헬륨이 가장 많지만 물도 꽤나 흔한 물질 중 하나입니다. 아마 물이 만들어진 연원을 따져 가보면 한 100억 년 정도는 올라갈 수 있을 겁니다. 지금 지구에 있는 물 중 많은 양이 지구에서 46억 년 동안 산 건 아니라는 거지요.

그리고 어떤 물은 우리 나이보다 적은 경우도 있습니다. 우리 몸에서 흘러나오는 땀, 오줌, 눈물 중 일부는 우리 몸의 호흡 과정에서 만들어진 물이거든요. 우리 몸속 세포가 호흡할 때 포도당을 분해하는데 이 과정에서 물이 만들어지지요. 이런 물은 나이가 어리니 뭘 잘 모르는 건가요?

이 책은 '물이 알고 있다'는 사실을 증명하기 위해 여러 가지 실험 사례를 보여주고 있는데, 애초에 '물이 알고 있다'는 가설 자체가 문제이기도 하지만, 실험 과정이 제대로 되지 못했다는 점에서 '이렇게 실험하면 안 된다.'는 교훈을 주고 있습니다. 예를 들어 좋은 말을 써놓은 통과 나쁜 말을 써놓은 통의 물을 얼리고 현미경으로 관찰한 실험을 보시죠. 좋은 말을 써놓은 통의 얼음은 결정이 이쁘고, 나쁜 말을 써놓은 통의 얼음은 결정이 못생겼다고 합니다. 먼저 이쁘고 못생긴 것의 기준이 뭔지를 밝히지 않습니다. 인간도 지역과 문화, 역사에 따라 미의 기준이 바뀌는데 이런 주관적인 판단이 가능한 것일까요? 예를 들어 21세기 한국 사회에서는 약간 마르고 키가 크며 얼굴이 작은 남성을 선호하는데 한 50년 전으로만 돌아가도 건장한 체격에 부리부리한 인상을 좋아했습니다. 남진이나 나훈아가 대표적인 미남가수였고 이덕화가 인기배우였던 시절이죠. 그런데 어느 쪽이 더 잘생기고 못생겼는지를 무슨 기준으로 따진단 말입니까.

또한 과학자라면 두 물이 무기염류를 함유하지 못하게 증류수로만 실험을 하고, 동시에 밀폐된 용기에 넣어 외부 작용을 최소화하는 등의 실험 설계를 했을 것입니다. 또한 어느 과정이 동일했는지를 확인하고, 아무런 말도 써놓지 않은 통을 대조군으로 배치해야 하죠. 그리고 이런 실험을 여러 번 반복해서, 통계처리를 해야 합니다. 물론 귀찮고 힘든 일인데 원래 과학이 그렇습니다. 이런 수고를 거쳐야 가설은 명확한 진실이 될 수 있는 것이죠.

이런 엉터리 주장까지 이렇게 비판해야 하는지에 대해 사실 글을 쓰면서도 고민을 했습니다만 이와 비슷한 사례들이 너무 많아서 쓸 수밖에 없다고 생각을 했습니다. 군부대나 기업체에서도 이와 비슷한 이야기가 교육용으로 진행되고 있다는 사실에는 그저 황당하기까지 했습니다.

앞에서 예로 든 사과뿐만이 아니라 우리나라 공영 TV에도 클래식을 들은 작물이 그렇지 않은 작물에 비해 더 성장을 잘하더라고 뻔뻔스럽게 나오는 실정입니다. 식물이 귀가 있고, 뇌가 있다는 뜻인가요? 고구마에 대고 긍정적인 말을 해보고 부정적인 말을 해보는 실험을 하기도 하고, 학교 교과서에도 나옵니다.

흔히들 '안다는 건 비유적 표현이고 사실은 음파의 파형이 영향을 미치는 것'이라고 말하기도 합니다. 그런데요, 소리의 파동에는 세 가지 요소가 있습니다. 진폭이 그중 하나로 이는 소리의 크기를 좌우합니다. 두 번째로 진동수인데 이는 소리의 높이를 결정합니다. 세 번째는 파형인데 이를 통해 우리는 피아노 소리와 피리 소리를 구분합니다. 또 '아'라는 소리와 '어'라는 소리가 다른 것도 결정하지요.

그럼 이렇게 파형이 식물이나 물에 영향을 준다면 어떤 실험을 해야 할까요? 클래식과 헤비메탈로 구분하는 것뿐 아니라, 소리를 크게 틀어보고 작게 틀어보는 실험도 해야 하고, 피아노 같은 건반악기, 피리나 트럼펫 같은 관악기, 기타나 바이올린 같은 현악기를 구분해서 실험해야 합니다. 또 높은 음이 주로 있는 음악을 연주해보고, 낮은 음이 주로 있는 음악도 연주해봐야죠. 그뿐이 아닙니다. 부정적인 말을 부드럽게 해보기도 하고 거세게 해보기도 해야겠지요. 그뿐일까요? 한국어로도 해보고 영어로도 해보며 다양한 언어로도 실험을 해봐야지요. 이런 실험들을 통해서만 소리가 혹은 말이나 음악이 식물이나 물에 어떠한 영향을 주는지를 확인할 수 있습니다.

만약 소리의 이런 물성(物性)과 관계없이 마음이 전달된다면 뭐 할 말이 없습니다. 만약 그렇다면 굳이 말을 할 필요도 없겠지요. 그저 식물이나 물에다 대고 마음속으로 '고마워, 행복해, 사랑해'라고 생각만 해도 될 터이니까요. 이 정도면 그냥 종교 아닌가요.

피라미드 파워

길이가 똑같은 막대 여덟 개가 필요합니다. 네 개로 우선 바닥에 동서남북 방향으로 정사각형 모양을 만듭니다. 그리고 모서리마다 막대를 한 개씩 세우고 그 끝을 모읍니다. 그러면 밑면이 정사각형인 사각뿔이 만들어집니다. 이런 모양의 대표적인 건물이 피라미드입니다. 이 모형의 정중앙에서 위로 1/3 되는 지점에는 엄청난 비밀이 숨어있답니다. 피라미드 파워입니다.

피라미드 파워는 1930년대 앙투안 보비스란 프랑스 사람이 처음 주장했습니다. 피라미드 안에서 죽은 고양이 사체를 봤는데 마치 미라처럼 말라 있더란 거죠. 그래서 자기도 피라미드 모형을 만들어선 온갖 이상한 걸 다 넣어봤다는 겁니다. 그랬더니 피라미드 안에서 부패가 억제되고, 탈수 현상이 생기더란 거죠. 더구나 식물의 성장이 더 빨라지고, 상처도 빨리 낫더라고 주장합니다. 피라미드 형태가 에너지를 모아주기 때문이란 것이 그의 설명입니다. 음식을 오래 보관할 수 있고, 물은 깨끗해지고, 우유는 썩지 않고 치즈가 되며, 커피나 술, 담배도 더 맛나더란 겁니다. 식물은 빨리 자라고 동물은 건강해지며, 사람은 머리도 좋아진다니 세상에 이렇게 좋은 물건이 없습니다.

물론 말도 안 되는 이야기지요. 그래서 한동안 유행하다가 유럽에선 시들해졌는데 미국과 일본에서 1970년대 다시 유행합니다. 그리고 우리나라에선 1990년대에 본격적으로 도입됩니다. 특히 한국정신과학학회라는 곳에서 도입되었는데요, 한국정신과학학회는 '인간과 자연계에서 나타나는 다양한 정신능력과 자연현상들 가운데에는 기존의 과학에서 무시하거나 인정하지 않는 능력과 현상들이 있다… 이를 이해하고 설명하기 위해서는 서양의 심신이원적인 기계론적 사고체계를 뛰어넘는 전혀 다른 새로운 과학적 세계관이 필요하다. 이 세계관은 인간과 우주 또는 정신과 물질이 하나라는 심신일원적인 전체론적 세계관을 의미한다.'[10]는 취지에서 만들어진 곳으로 정신과학문화원, 퀀텀정보에너지연구소, 한국정신과학치유연구소 등의 부설 기관도 있습니다.

이곳 회원이자 유명 대학 교수이거나 연구소의 박사인 분들이 피라미드 파워에 대해 열심히 홍보하니 많은 사람들이 정말 그런가 보다 할 수밖에 없습니다. 실제 언론에 소개된 내용을 보자면 1997년 7월 29일자 중앙일보에 "피라미드 숨은 힘 입증… 모형 속 우유 며칠 지나도 안 썩어"[11]란 제목의 기사가 나왔는데 "연구팀은 실제로 수차례 실시한 실험에서 그냥 밖에 방치한 우유의 경우 2~3일만 지나도 파랗게 썩는 반면 피라미드 안에 넣어둔 우유는 4~5일이 지나도 썩지 않고 말라버리는 현상을 거듭 확인했다고 밝혔다."라고 되어있지요. 그러나 이후 1998년 9월 17일자 시사저널에선 "그러나 실험을 거듭할수록 그같은 현상은 나타나기도, 나타나지 않기도 했다. 정박사는 태양 흑점 온도, 밤과 낮의 차이, 주변 전자파 영향 따위가 거기에 영향을 미쳤을 것이라고 추정한다. 곧 자연계에는 '우리가 아직 알지 못하는 어떤 변수'가 분명 존재한다는 것이다."[12]라고 합니다. 그러나 실험이 실패했음에도 불구하고 이 분은 이후 계속 언론을 통해 피라미드 파워를 홍보합니다.

만약 피라미드 파워가 정말이라면 우리 사회에 쓰일 곳은 무궁무진합니다. 냉장고도 필요 없고 그저 피라미드를 만들어선 그 안에 음식을 저장하면 되겠지요. 술집에서도 피라미드에다 술을 보관하면 얼마나 멋지겠습니까. 술맛이 아주 좋아진다는데요. 또 탈수 효과도 있다니까 건조기가 따로 필요가 없겠지요. 이분들의 주장대로라면 어떤 재질을 써서 만들어도 상관없다니까 간편하게 철제 프레임이나 나무, 하다못해 종이를 써도 됩니다. 아주 싸게 만들 수 있고, 또 유지비용도 한 푼 들어가지 않으니 얼마나 좋은 걸까요? 아마 집집마다 몇 개씩 들여놨을 겁니다. 그러나 현실은 이런 구조를 우리 주위에서 거의 볼 수 없다는 겁니다. 검증이 아주 간단하지요. 직접 만들어서 해보면 됩니다. 피라미드 안에든 밖에든 우유는 며칠 지나면 썩고, 면도칼은 전혀 날이 서지 않습니다. 식물도 동일한 조건에선 동일한 정도의 성장밖에 보이지 않지요.

얼마나 답답했으면 직접 실험을 해서 논문으로 발표한 사람도 있습니다. 한창 피라미드 파워가 미국에서 유행하던 1990년대에 식품의 탈수에 대해 연구한 분도 있고, 면도칼을 가지고 실험한 분, 꽃으로 실험한 분들이 있지요. 결국 모두 거짓으로 판명 났습니다.

피라미드 파워뿐이 아닙니다. 염동력이라든가 공간에너지, 상온 핵융합, 기(氣)치료 등이 비슷한 분야입니다. 흔히 신과학이라고 하지요. 어쩐지 음악 장르와도 같은 명칭인데 시작은 나름대로 참신한 시도였습니다. 근대 서양의 기계론적 세계관이 지닌 근본적인 한계와 맹점을 극복하자는 취지였지요. 세상 모든 것을 분석적으로 보고 개별적인 요소로 환원하는 환원주의적 사고를 넘어서서 모든 현상에 대한 총체적이고 전일적인 접근을 시도하겠다는 의미입니다. 서양에선 1970년대에 시작되었습니다. 『현대물리학과 동양사상』의 프리초프 카프라, '혼돈이론'을 대중화시킨 『카오스』의 제임스 글리크, '가이아이론'을 주장한 『가이아』의 제임스 러브록 등이 대표적입니다.

물론 『현대물리학과 동양사상』의 경우 물리학자들로부터 많은 비판을 받았고, 러브록의 『가이아』 또한 진화학자들과 생물학자로부터 비판을 받고 있습니다만 '맞고 틀리고와는 상관없이' 나름대로 진지한 탐구라는 데는 별 문제가 없습니다. 그러나 이후 신과학이 걸어온 길은 심한 우려와 비과학으로 나아가고 있다는 비판을 받기에 충분했습니다. 염동력, 기치료, 영구기관, 피라미드 힘, 상온 원소 변환 같은 허황된 연구로 빠집니다. 이런 주제가 가능한 것은 기존의 과학 체계가 완전히 틀렸다는 걸 전제로 합니다. 기존의 서양과학이 한계가 있다는 것이 뉴턴이나 아인슈타인 보어와 같은 사람들이 구축한 과학체계가 틀렸다는 결론으로 가면 어떻게 한다는 말입니까?

가장 큰 문제는 이들이 자신의 주장을 증명하려 하지 않고 기존 과학에 대해 부정만 하려 한다는 것이지요. 물론 이들만이 아니라 대부분 과학을 사칭하는 유사과학들이 이런 식의 논지

과학이라는 헛소리

를 펼칩니다. '너희가 틀렸잖아, 그러니까 우리가 맞는 거야.'라는 식이지요. 과학은 둘 중 하나를 고르는 문제가 아닙니다. '너 오늘 아침에 밥 먹었지?' 같은 질문이면 'yes'가 틀리다면 당연히 'no'가 답이겠지요. 하지만 '그녀는 왜 울었을까'에 대해 '애인과 헤어져서 그래'가 틀린 대답이라고 '아침에 갑자기 세상 사는 게 공허해졌어.'가 자동으로 정답이 되는 게 아니잖아요. 그런데 애인과 헤어진 것이 사실임에도 불구하고 그것 때문에 꼭 우는 건 아닐 수도 있다며 세상 사는 게 공허해져서 운다는 자신의 답이 맞다고 하면 어쩌자는 건가요.

두 번째로는 자신들의 주장을 '과학'으로 검증하려 들지 않거나 못한다는 것입니다. 가령 기를 이용한 치료를 주장하는 경우 '기'가 인체의 어느 조직과 기관에서 어떠한 과정을 통해서 흐르고 있는지를 분석하고, 이를 토대로 자신의 주장을 내놓기보다는 "침이나 기타 방법을 썼을 때 효과가 있더라."는 것이지요.

또 앞서 피라미드 파워에서도 같은 실험을 하는데 재현이 되지 않는 것을 두고 '자연계에는 우리가 아직 알지 못하는 어떤 변수'가 있다고 주장하는 것입니다. 그러니까 그 알지 못하는 것을 연구해야지 되지 않겠습니까? 동일한 조건인데 동일한 결과가 나오지 않는다면 실제로 우유를 상하지 않게 하는 것은 실험에서 미처 다루지 못한, 혹은 확인하지 못한 것이 원인일 가능성이 더 큰 것 아닌가요? 그럼에도 피라미드 파워가 있다고 강변한다면 할 말이 없는 거지요.

애초에 신과학이 문제의식으로 가지고 있던 지점은 유효합니다. 20세기 말에서 21세기에 걸쳐 복잡계 과학에서 활발한 연구가 이뤄지고, 학제간 공동 연구를 통한 고민이 더욱 활기를 띠는 것도 이런 이유에서일 것입니다. 그러나 기존의 과학에 대한 부정이 신비주의적, 비과학적 방향으로 틀어지게 되면서 이들의 건전한 문제의식조차도 묻혀버리고 있다는 것이 안타까운 지점입니다.

체크리스트

천연 소재 비타민에는 천연 성분이 1% 정도밖에 없다	O
천일염이 정제염보다 불순물이 적다	X
천연섬유가 인공섬유보다 더 윤리적이다	X
물에게 좋은 말을 해주면 물의 결정이 예뻐진다	X

6

혐오,
과학의 탈을 쓰다

Science
will
judge
you

정상과 비정상

　　우리가 쓰는 말이나 개념 중에는 은연중에 자신을 중심으로 그리고 정상으로 생각하는 경우가 꽤 많습니다. 지금은 그렇게 쓰지 말자고 하고 있지만 '살색'이란 단어가 대표적인 예입니다. 일본과 우리나라에서 주로 황인종의 피부색을 부르는 말로 써왔는데 2001년 국가인권위원회가 인종차별이란 이유로 이름을 바꿀 것을 권고해서 '연주황'으로 바꾸었다가, 쉬운 한글로 바꿔서 현재는 '살구색'이라고 쓰고 있습니다. 모든 사람의 피부색이 '살구색'은 아닌데 마치 '살구색'이 보편적인 살색이라고 여기는 것이기 때문이지요. 이뿐만이 아닙니다. 우리는 자연스럽게 '내'가 보편적 기준이라고 여기며 사는 경우가 많기 때문입니다. 대한민국이 지금처럼 외국인들이 많이 드나들거나 거주하지 않았을 때는 태어나서 평생 보는 사람이 같은 민족이라 이런 생각이 오히려 강했습니다만 지금은 대한민국 곳곳에 우리와 피부색이 다르고 언어가 다른 사람들을 늘 만나니 그런 부분은 조금씩 사라지고 있습니다.

그러나 아직도 우리의 고정관념에는 인종차별적 요소가 많은 것도 사실입니다. 특히나 피부색이 진하면 진할수록 얕보고 멸시하고 혹은 멀리하려 하는 경향이 강하지요. 우리나라 사람들만 그런 것은 아닙니다만 아무래도 외국과의 교류가 적었던 역사적 조건이 이런 피부색이나 인종, 문화, 종교, 풍습 등 인류의 다양한 모습에 대한 이해와 관용의 정도가 부족한 데에 일조하고 있는 것은 아닌가 싶습니다.

'그래도 흑인은 좀 그래, 동남아 사람들은 좀 무서워, 이슬람은 위험하지 않을까, 장애인이 옆에 있으면 어쩐지 부담스러워.' 이런 생각을 하는 분들이 많은 거지요. 물론 이해가 가지 않는 것은 아닙니다. 자신과 다른 낯선 이들을 자신과 동등하게 여기는 것이 쉽지는 않지요. 더구나 언론이나 인터넷에서 조장되는 헛소문이나 잘못된 시각은 우리의 선입견을 강화시키기도 합니다. 그러나 내가 무수히 많은 타인 사이에서 평등하게 인정받기 위해선, 무수히 많은 타인의 나와 다른 점에 대해 이해하고 인정해야 하겠지요. 일본에서 재일 한국인이 받는 차별에 분노하고, 미국의 유색인종 차별에 분노하듯이 말이지요.

그런데 이런 혐오에 과학의 치장을 다는 사람들이 있습니다. 마치 차별에 정당성을 부여라도 하듯이 말입니다. 어제오늘의 일이 아닙니다. 여자는 선천적으로 보수적이고, 남자는 선천적으로 진취적이라는 '진화론'의 외피를 둘러쓴 성차별부터 말이죠. 사람이 다른 사람을 차별하는 것은 현대에 있어 가장 중요한 금기사항입니다. 그런데 과학의 외피를 둘러쓰고 이런 차별을 정당화하는 이론들이 있습니다.

친일파와 사회진화론

　일제강점기의 지식인 중에서 처음에는 계몽에 힘쓰다가 나중에 친일파가 되어버린 이들이 있습니다. 여러 가지 이유가 있겠습니다만 그중 몇 명의 경우는 사회진화론의 잘못된 영향 때문일 수도 있습니다. 그렇다고 친일을 한 사실이 사라지진 않지만요. 이광수 같은 경우가 그렇지요. 초기에는 민중에 대한 계몽 운동을 통해 국민의 수준을 높이면 독립의 꿈을 이룰 수 있을 것으로 생각했지만 사회진화론의 영향으로 당시 한국의 사회 수준이 일본에 뒤떨어진다는 판단을 한 후, 그렇다면 일본의 지배를 받는 것이 당연한 일이라는 식으로 받아들이고 만 것이지요. 물론 당시 일본제국주의의 탄압과 자신의 욕망 등 다양한 이유가 있겠습니다만 당시 변절한 이들 중에 사회진화론의 영향을 받은 이가 많은 것은 사실입니다.

19세기부터 유행한 사상 중에 사회진화론Social Darwinism이 있습니다. 영어명칭에서도 알 수 있듯이 다윈의 생각을 인간 사회로 확장시킨 사상이라고 스스로 주장합니다. 하지만 결론부터 말하자면 사회진화론은 다윈의 진화론의 핵심과는 아무 상관없이 용어만 몇 개 빌린 것에 불과합니다. 허버트 스펜서라는 사람이 처음 사용한 개념이죠. 사실 스펜서가 이런 개념을 내놓은 것은 다윈이 『종의 기원』을 발표하기 전의 일입니다. 따라서 다위니즘Darwinism이란 이미 주창한 이론의 정당성을 확보하기 위해 뒤늦게 다윈의 이름을 빌린 것에 불과합니다.

19세기 유럽은 승리와 성취감으로 가득한 곳이었습니다. 전 세계를 지배하는 제국으로 발돋움한 영국과 프랑스를 위시한 나라들이 있는 곳이었지요. 눈부신 과학의 발전으로 다른 사람들보다 유럽인이 더 뛰어나다고 생각했던 시기이기도 합니다. 사회는 점점 더 나아지고 있었고, 그 진보는 전적으로 유럽인 덕분이란 생각도 있었습니다. 이런 일종의 자만심이 표현된 결과가 스펜서의 사회진화론이라고 볼 수 있습니다. 따라서 스펜서의 이런 이론은 그 당시의 다른 이들에게 쉽게 동의를 구하게 됩니다.

물론 이 사상은 윤리적으로도 대단히 문제가 많지만 먼저 다원의 진화론과 어떤 점이 근본적으로 다른지를 살펴보겠습니다.

먼저 다원의 진화론에는 어디를 찾아봐도 '진보'가 없습니다. 그저 그 당시의 생태계에 잘 적응한 변이가 살아남는다는 것뿐이죠. 그런데 사회진화론은 사회가 점차 발전한다고 주장합니다. 진화라는 말의 대표적 오용이 바로 진화evolution와 진보progress를 동일시하는 것입니다. 다원의 진화론을 자세히 읽어보면 어디에도 진화가 '더 나아짐'을 의미한다는 구절이 없습니다. 오히려 진화론은 진화의 '무목적성'을 강조합니다. 개체 단위에서도, 종의 단위에서도, 하물며 유전자 단위에서도 누구도 '의식적'으로 진화하지 않습니다. 결과적으로 진화했던 것뿐이지요. 또한 진화는 더 나아짐이 아닙니다. 그때 그때의 상황에 맞춘 변이가 살아남은 것뿐입니다. 초원의 초식동물은 초원이라는 현실에 맞는 변이들이 살아남아 진화한 결과이고 숲의 초식동물은 숲이라는 현실에 맞는 변이들이 살아남아 진화한 결과입니다. 과연 초원의 소가 숲의 사슴보다 더 나아진 걸까요? 아니면 숲의 사슴이 초원의 소보다 더 나아진 걸까요? 둘 다 아닙니다. 각자 자신의 생태계에 맞춰 진화하는 것이지요. 숲이 초원이 되면 초원에 맞는 형태로 진화한 생물들이 살아남다가 다시 초원이 숲이 되면 그런 생물들은 사라지고 숲에 적응한 생물들이 변이를 통해 다시 나타납니다. 누가 누구보다 나은 것도 없고, 예전보다 지금이 우월한 것도 없습니다.

그래서 사회진화론이 진화를 사회가 발전하는 것으로 이해한다면 그는 다윈의 진화론을 제대로 이해한 것이 아닙니다. 그저 인기 있는 용어의 외피만 두른 격이지요.

또 다윈의 진화론에서는 어느 종도 다른 종을 지배하지 않습니다. 그저 생태계에서의 자신의 역할에 충실할 뿐이지요. 그러나 사회진화론은 백인의 타 인종에 대한 지배, 똑똑한 사람의 멍청한 이에 대한 지배, 제국주의 국가의 식민지 지배, 자본가의 노동자 지배 등 타인에 대한 지배를 아주 당연시합니다. 그러나 생태계에는 우등생물도 열등생물도 없습니다. 단지 자신의 역할에 충실한 생물만 있을 뿐입니다. 식물은 생산자의 역할을 하고, 토끼나 소는 1차 소비자의 역할을, 늑대와 여우는 2차 소비자의 역할을 합니다. 곰팡이와 지렁이, 세균은 분해자의 역할을 하지요. 어느 종이 다른 종에 비해 우월한 것은 없습니다. 어느 종도 다른 종을 지배하지 않지요. 호랑이가 숲의 지배자처럼 보일지라도 호랑이가 늑대나 여우에게 세금을 받는 것도 아니고, 그들을 착취하지도 않지요. 그런데 사회진화론으로 가면 마치 백인이 여타 인종을 지배하는 것이 당연한 것처럼 이야기합니다. 우등한 형질을 지닌 인종이 열등한 형질을 지닌 인종을 지배하는 것이 당연하다는 듯이요. 나치가 이런 이데올로기로부터 유대인과 집시 등에 대한 박해를 정당화했습니다.

이런 건 과학도 아닙니다. 다윈의 진화론과 멀어도 한참 멀지요. 다윈도 생전에 스펜서의 사회진화론에 대해 어떠한 과학적 가치도 없다고 잘라 말했을 정도니까요. 결국 사회진화론이란 건 '강한 자가 살아남는다.'라든가 '강한 자를 자연이 선택한다'는 정도로밖에는 진화론을 이해하지 않은 것입니다. 아니, 이해한 것이라기보다는 억지로 인간사회를 설명하는 데 다윈의 진화론을 곡해한 것만을 가져온 것이지요. 그리곤 그걸로 제국주의의 식민지 지배, 자본에 의한 노동착취, 백인의 우월성 등을 정당화하는 데 써먹은 것입니다.

식민지에선 이 논리가 다시 변합니다. 일제강점기의 계몽운동도 이런 측면에서 다시 바라볼 수도 있는데요, 우리가 일본에 점령당한 것은 잘된 것도 잘못된 것도 아니고 오직 우리가 일본보다 약하기 때문이다. 따라서 하루라도 빨리 강한 나라의 제도와 문물을 받아들여 우리 스스로 강해져야 한다는 식의 논리지요. 언뜻 보면 맞는 말이라고 수긍할 수도 있지만 사실 저 논리에는 '강자가 약자를 착취하고 억압하는 것은 당연하다'는 의미가 숨어져 있습니다. 그래서 일본을 배우고 일본을 극복하자고 하던 사람 중 많은 이들이 친일파로 변절하기도 한 것이고요.

과학이라는 헛소리

더군다나 '강한 자가 살아남는다.'는 주장은 '살아남은 자가 정당하다.'는 식으로 발전합니다. 그리하여 막 피어나는 자본주의 사회였던 19세기에도 자본주의가 성숙해져가는 20세기에도 이 사회진화론은 '시장'에 모든 것을 맡기고 승자가 모든 것을 가지는 것이 옳다는 '자유방임주의'의 이론적 근거가 되기도 합니다.

하지만 이런 이론이 과학이 아니라고 말할 때는 단지 '다윈의 진화론'과 다르다고만 주장해선 안 되는 법입니다. 실제 인간에 대한 생물학적 연구를 통해서도 명백히 틀렸다고 드러났기 때문에 이는 과학이 아닌 것입니다. 일단 이 부분에 대해선 인종주의와 우생학, 골상학 등에서 다룰 것이니 여기에서는 다윈의 진화론과 사회진화론은 명백히 다르다는 것 정도만 짚고 넘어가도록 하겠습니다.

동성애가 극복 가능하다?

탈동성애란 동성애자들이 동성애를 극복하고 그들의 주장 대로라면 '자연스럽고 정상적인' 이성애로 돌아올 수 있다는 주장입니다. 즉 동성애를 어떤 '질병' 혹은 '장애'로 보고, 이를 치료할 수 있다고 주장하는 것이죠. 주로 기독교 등 종교 진영에서 많이 주장하는 내용입니다.

사실 이런 부류의 주장은 이전부터 있었습니다. 다만 20세기 초중반까지는 본인이 원치 않아도 강제적으로 시행했고 또 동성애가 불법이었다면, 지금은 본인의 동의를 받고 시행하며, 동생애가 불법인 경우도 거의 없습니다. 물론 본인 동의와 관련한 부분은 좀 더 명확해져야 합니다. 미성년인 동성애자의 부모

과학이라는 헛소리

가 동의하면 본인의 의견을 무시하고 시행하는 경우도 많고, 또한 억압적 분위기에서 어쩔 수 없이 선택하게 되는 경우도 많습니다.

어찌 되었건 이런 동성애나 양성애자를 이성애자로 전환한다는 '전환치료'는 다양한 형태로 시도되고 있습니다. 행동 기법, 인지 행동 기법, 정신분석학적 기법, 의학적 기법, 종교적이고 영적인 접근 등 다양한 방법이 있지요.

하지만 중요한 것은 이 탈동성애, 혹은 성적 지향 전환 치료라는 것이 비과학적일 뿐만 아니라 동시에 반인권적이라는 사실입니다. 혹자는 '동성애를 하는 사람들은 사회적으로 비난도 많이 받고, 살아가기도 힘들 텐데 치료라도 받아서 이성애자가 되면 좋은 것 아니냐'라든가 아니면 전가의 보도처럼 휘두르는 '당신 자식이어도 치료를 받게 하지 않을거냐!'는 식의 주장을 펼치기도 합니다.

일단 이런 주장의 밑바닥에는 동성애가 '질병' 혹은 '장애'라는 전제가 깔려있습니다. 그러나 현재 미국이나 유럽의 거의 모든 의학계, 특히 정신의학계, 심리학회에서 동성애를 '질병'이나 '장애'로 규정짓는 것에 반대합니다. 동성애는 개인의 지향이지 '잘못된 것'이 아니라는 것이지요. 그런데 왜 치료를 해야 하냐는 겁니다. 미국 심리학회에서는 오히려 '동성애 긍정적 심리치료'의 지침과 자료를 제공합니다. 이 지침은 동성애에 대한 사회의 낙인을 극복하도록 돕는 것에 초점을 맞추고 있습니다. 동성애나 양성애가 정신 질환이 아니라는 점을 강조하고, 자신의 성적 정체성을 긍정하고 이를 토대로 어려움을 극복해나갈 수 있도록 하는 것입니다.

누구는 '동성애 자체가 질병이나 장애는 아니지만, 현재의 사회에서 견디기 힘든 상황이니 극복해보는 게 어떠냐'는 주장을 합니다만 이 또한 마찬가지입니다. 어떤 사회든 보이는 혹은 보이지 않는 차별이 존재합니다. 다만 성숙한 사회는 그러한 차별 행위를 비판하고, 혐오하며, 그를 통해 사회를 진보시키려 하지 차별당하는 사람에게 '차별 당할 일을 하지 말라'고 하지 않습니다. 흑인보고 '피부색이 검어서 그러니 피부색을 바꾸면 어떻겠냐'고 하시겠습니까? 여성에게 '여자라서 차별당하니 성전환이 어떻겠냐'라고 하실 건가요? 전라도 출신에게 '전라도 출신이라 차별당하니 고향을 숨기라'고 할 건가요? 차별에 맞서는 대신 그런 사회를 인정하고, 그에 따른 삶을 살라는 말 자체가 이미 차별을 내포하고 있는 것입니다.

따라서 탈동성애를 주장하는 이들은 자신들이 동성애자를 돕고 있다고 주장하지만, 그들은 사실 동성애자들을 더욱 힘들게 하고 있는 것입니다.

과학이라는 헛소리

그리고 전환치료 자체에 대해서도 대부분의 의학계와 정신의학계 그리고 심리학계에서는 분명한 반대를 표하고 있습니다. 20세기 초중반까지의 전환치료는 끔찍했습니다. 본인의 의사와는 상관없었죠. 동성애 자체가 범죄로까지 규정될 정도였으니까요. 튜링 테스트로 유명한 영국의 앨런 튜링도 동성애자라는 이유로 전환치료를 강제로 받다가 독이 든 사과를 먹고 자살했습니다.

성적 지향을 바꾸려는 치료는 실로 다양한 방법으로 이루어졌습니다. 자궁 절제술, 난소 절제술, 음핵 절제술, 거세, 정관수술, 외음부 신경 절제술과 같이 성기의 일부를 제거하는 방법도 있었습니다. 마치 그 부위가 동성애를 일으키나 하는 것처럼 말이지요. 혹은 뇌엽 절제술이라는 방법도 동원됩니다. 뇌의 일정 영역을 잘라내면 동성애가 사라질 것처럼 생각했던 거지요. 또 다르게는 호르몬 치료법, 약학적 충격요법 등도 시도되었습니다. 최면이나 정신분석도 있었지요. 가장 끔찍한 것은 전기 충격이나 집단 치료가 아니라 성적 자극제와 억제제를 이용하고, 교정 강간을 하기도 했다는 겁니다. 특히 여성이 여성을 좋아하는 경우 이런 교정 강간이 횡횡했습니다. 강제로라도 남자와 성관계를 가지면 이성을 좋아하게 될 수 있다는 미친 짓이었지요. 지금은 극히 일부 지역을 제외하곤 이런 정도의 일은 없습니다만, 미국만 하더라도 'Kidnapped for Christ'라는 다큐멘터리에서 드러나듯이 부모가 신청하면 탈동성애 단체에서 집에 들이닥쳐 아이를 납치해서 전환치료 캠프로 데려가기도 했습니다. 그런 캠프는 미국에서도 전환치료가 불법화된 곳이 많기 때문에 중남미의 정글에 있기도 합니다.

그러나 어떠한 방법도 동성애자들의 성적 지향을 바꾸지는 못했습니다. 성기를 잘라도, 뇌를 잘라도, 혹은 성호르몬 주사를 맞고 전기 충격을 받아도 바뀌지 않는 것이 성 정체성이란 것이지요. 동성애가 완전히 선천적인 것인지, 아니면 일부 후천적 영향이 있는 것인지에 대해서는 더 많은 연구가 필요합니다만, 이러한 성 정체성이 대부분의 경우 자신의 의지와 무관하게 아주 자연스럽게 나타난다는 것은 이미 확실합니다. 그리고 누구도 자신이 선택한 혹은 자연스럽게 가지게 된 성 정체성을 이유로 차별받거나 비난받아서는 안 되는 거지요.

미국 심리학회는 다음과 같이 밝히고 있습니다.

---

* 아주 일부 동성애자들이 탈동성애를 했다고 주장합니다만 동성애자 전체에서 아주 미미한, 의미 없는 숫자일 뿐입니다. 특히 탈동성애 운동의 역사가 오래된 미국의 경우 탈동성애를 선언했다가 다시 동성애로 돌아오는 경우도 빈발해서 실질적인 효과는 없다고 볼 수 있습니다.

과학이라는 헛소리

"성적 지향을 바꾸려는 목적의 치료가 안전하다거나 효과가 있다는, 과학적 근거를 갖춘 어떠한 연구결과도 현재까지 없다. 더욱 전환치료를 주장하는 것은 레즈비언, 게이, 바이섹슈얼에 대한 부정적인 사회 분위기를 조장하며, 이들에 대한 (부정적인) 고정관념을 강화시키는 것으로 보인다."

인종은 없다

    우리는 인간이 흑인종, 백인종, 황인종 등으로 나뉜다는 주장을 자주 접합니다. '당연한 거 아냐?'라고 생각할 수 있지만, 사실은 전혀 근거가 없는 거짓말입니다.

    먼저 피부색으로 인종을 나누는 것이 얼마나 허무맹랑한지를 살펴봅시다. 보통 얼굴이 검은 이들은 모두 흑인이라고 치부하지만 실제로 아주 다양한 종족이 검은 피부를 가지고 있습니다. 그들의 피부가 검은 것은 단지 그들이 대대로 더운 지방에서 살았기 때문입니다. 물론 일이백 년 정도로 피부색이 완전히 바뀌는 것은 아니고 최소한 천 년 정도는 지속적으로 더운 지방에서 살아야 합니다.

가령 아프리카의 북부에 사는 흑인인 마사이족과 아프리카 남부에 사는 피그미족은 모두 피부색이 검지만 서로 다른 종족이지요. 마찬가지로 멜라네시아나 폴리네시아 등 태평양의 적도 부근의 섬에 사는 원주민들도 검은 피부를 가지고 있습니다. 또한 중남미의 열대 지방에 사는 원주민들 역시 마찬가지로 검은 피부를 가지고 있습니다. 그런데 이들 모두는 생물학적으로 서로 근원이 다릅니다. 중남미의 검은 피부를 가진 이들은 유전적으로 이누이트족과 가장 가깝고 우리나라 사람들과도 가깝습니다. 우리나라를 기준으로 보면 이들이 중국의 화족보다 더 가깝습니다. 또 태평양의 검은 피부를 가진 원주민들은 같은 태평양에 살아도 폴리네시아냐 멜라네시아냐에 따라 근원이 다릅니다. 한쪽은 대만의 원주민들과 비슷하고, 다른 쪽은 태국 사람들과 비슷하지요.

결국 피부색은 그들이 사는 지역에 의해 결정되는 것이지 애초에 흑인종과 백인종, 황인종이 다르게 진화한 것은 아니라는 겁니다. 더구나 유전학에 대한 연구는 더욱 놀라운 사실도 알려줍니다. 아프리카의 원주민들은 크게 남쪽 지역과 북쪽 지역으로 나눕니다. 그런데 이 둘의 유전학적 차이가 엄청나게 크다는 겁니다. 전체 인류를 놓고 보았을 때 아프리카 남쪽의 원주민과 다른 모든 사람들 사이의 간격보다 가장 큰 격차를 보입니다. 이는 먼 옛날 아프리카에서 인류가 진화했을 때, 아프리카 남쪽으로 내려간 이들은 이후 다른 지역과 고립되어 독자적으로 살았고, 아프리카 북쪽을 포함한 나머지 지역의 사람들은 서로 간의 교류가 지속적으로 이어져 유전자 교환이 가능했기 때문이라고 여겨집니다.

또한, 아프리카 남쪽의 원주민을 포함하여 전 인류의 유전자는 대단히 다양성이 작습니다. 흔히 하는 비교를 곁들이자면 다음과 같습니다. 아프리카 열대우림에 사는 침팬지 두 집단이 서로 약 3km 떨어져 산다면 그들 사이의 유전자 차이가, 전 인류의 유전자 차이보다 크다는 거지요. 성경을 믿는 이들 중 어떤 이는 이런 결과가 하나님이 창조한 인간의 계보가 그대로 이어져 왔기 때문이라고 하지만 그건 아닙니다. 이렇게 인류의 유전자 다양성이 적은 것은 옛날 한때 인류가 멸종 직전까지 갔었기 때문입니다. 거의 몇천 명 수준으로 줄어들었던 거지요. 이렇게 한 번 멸종 위기를 거치면서 개체수가 줄어들면 자연히 유전적 다양성도 줄어드는 것이지, 인간이 특별해서가 아닙니다. 다른 동물들의 경우도 멸종의 위기를 겪은 경우에는 유전적 다양성이 아주 적은 걸 확인할 수 있습니다. 아프리카 초원의 치타도 그렇고, 고래들도 그렇습니다.

그런데 이렇게 말씀드리면 이런 의문을 가질 수도 있을 겁니다. '침팬지들은 다 거기서 거긴데 인간은 체형도 모습도 엄청 다양하지 않나요? 그런데 유전적 다양성이 그렇게 적다는 게 말이나 되나요?' 거기에는 두 가지 요인이 있습니다.

하나는 우리가 침팬지가 아니기 때문입니다. 우리는 흔히 서양인들을 잘 구분하지 못합니다. 물론 요사인 서양 사람들을 만날 기회가 많아져서 덜 하긴 합니다만 동양인을 구분하는 것만큼 잘 하진 못하지요. 그건 서양 사람들도 마찬가지입니다. 낯선 이들을 구분하는 건 익숙한 모습을 구분하는 것보다 힘든 법입니다. 결국 우리는 침팬지가 아니라서 잘 구분하지 못하는 것이고, 침팬지는 자기들끼리 잘 구분하지요.

두 번째 요인은 그들은 한정된 장소에 살기 때문입니다. 그들은 모두 열대우림 지역에서 삽니다. 앞서 피부색을 거론할 때 말씀드린 것처럼 비슷한 환경에서 살면 비슷한 모양을 가질 수밖에 없습니다. 진화적 적응인 거지요. 하지만 사람은 북극에서 뜨거운 적도에 이르기까지 참으로 다양한 장소에서 삽니다. 따라서 그에 맞춰 적응을 한 거지요. 그래서 그토록 적은 유전적 다양함에도 불구하고 참으로 다양한 모습을 하고 삽니다.

이제 우리는 인간이 아종subspecies을 가질 만큼 유전적으로 다양하지 않다는 사실을 알게 되었습니다. 더구나 피부색으로 나누는 것이 아무런 의미가 없다는 것 또한 알게 되었지요. 다만 종족적 특징을 공유하는 부분만 있을 뿐입니다. 즉 서양인 동양인의 구분은 생물학적으론 무의미하다는 것이지요. 물론 각 지역에 따라 일정하게 격리된 채 살아오면서 만들어진 공통된 특징들은 있습니다. 가령 북구 유럽인들의 경우 젖당 분해 효소가 다른 사람들보다 많다든가 각 지역에 따라 혈액형의 분포비율이 다르다든가 하는 것입니다. 그러나 이제 인간은 이러한 생물학적 특징이 중요하지 않습니다. 오히려 어떤 문화를 접하고, 어떤 환경에서 자랐는지가 더 중요하지요. 미국에서 태어나 미국에서 자란 한국계 미국인은 유전적 특징은 저와 더 비슷할지 몰라도 가치관과 문화적 특징 등은 같은 미국에서 자란 아프리카계 미국인과 더 유사합니다. 왜냐하면 인간은 사회적 동물이고, 어떤 사회에 편입되어 자라느냐가 그의 개체적 특징을 더 많이 좌우하기 때문입니다. 실제 연구를 통해 보더라도, 기존의 인종 구분법에 따른 인종별 차이보다, 같은 인종 내의 차이가 더 크기 때문에 인종을 구분하는 자체가 의미가 없습니다.

그래서 생물학이나 인류학을 전문적으로 연구하는 분들은 이미 인종이란 구분 자체가 과학적이지 않다고 다들 이야기하고 있습니다. 결국 '인종은 없고 인종주의만 있을 뿐'입니다.

두개골로 인간을 판단한다?

홈즈는 큰 모자를 발견하고 써본 뒤 '모자가 큰 걸 보니 두개골이 크겠군. 그렇다면 꽤나 영리하겠어.' 하고 결론을 내립니다. 이처럼 셜록 홈즈 시리즈를 보면 상대방의 두개골을 보며 그의 지능이나 성격, 품성 등을 예측하는 장면이 꽤나 자주 나옵니다. 우리로서는 조금 낯선 풍경인데요, 당시 유행했던 골상학에 근거를 둔 것입니다. 골상학은 오스트리아 의사 프란츠 요제프 갈에 의해 시작됩니다. 그는 인간 두뇌가 각 영역별로 서로 다른 정신적 기능을 담당한다고 생각했죠. 그래서 해당하는 부분의 피질이 커지면 정신적 기능도 같이 발달한다고 여겼습니다. 그리고 피질이 얼마나 커졌는지 여부는 두개골의 모양으로 판단할 수 있다고 생각했습니다. 우리가 흔히 '머리가 크니 똑똑하겠네'라고 우스개 소리로 하는 이야기를 진지하게 각잡고 연구한 거죠. 그의 제자 요한 슈바르츠하임은 갈의 연구에 '골상학 phrenology'이란 이름을 붙였습니다. 그는 스승 갈과 함께 정신적 기능을 35가지로 구분하고 대뇌 피질의 각 부분에 이를 배열하였고 이를 정리해서 책으로 펴냅니다. 19세기 후반 골상학은 유럽 전역에서 엄청난 인기를 얻습니다. 그러나 뇌과학이 발달하고, 더 깊은 연구가 진행되면서 골상학은 과학자들에게 외면받게 됩니다.

　각 민족마다 두개골에도 특징이 있습니다. 예를 들어 얼굴의 크기를 봅시다. 북구 유럽인들은 얼굴이 크다고 할 때 앞 면적이 큰 경우는 별로 없습니다. 대신 측면이 깁니다. 그러나 동아시아인들의 경우에는 얼굴이 크다면 측면보다 앞쪽이 옆으로 긴 것이 특징입니다. 즉 북구 유럽인 중 얼굴이 큰 사람은 고속버스처럼 옆이 긴 모자를 써야 하고, 동아시아인 중 얼굴이 큰 사람은 축구 골대처럼 챙이 넓은 모자를 써야 하는 거지요. 그럼 이런 두개골의 형태가 두 집단의 성격이나 지능 등의 차이를 낳았을까요? 축적된 연구는 그렇지 않다고 주장합니다. 오히려 두개골보다는 각 집단의 문화와 역사, 환경이 더 크게 작용한다는 것을 알려줍니다. 이들 두 부류뿐만 아니라 각 인류 집단마다 서로 다른 두개골의 특징을 가지고 있지만 이런 두개골의 형태는 인간 지성에 어떠한 유의미한 영향도 끼치지 않고 있다고 오랜 연구들이 알려줍니다.

흥미로운 관찰 결과가 하나 더 있습니다. 머리가 크면 과연 지능이 뛰어날까요? 혹은 더 똑똑할까요? 연구자들이 수천 명의 사람들 두개골 크기와 지능의 상관관계를 실제로 조사해봤습니다. 결과는 두개골이 큰 사람의 평균 지능이 두개골이 작은 사람의 평균 지능보다 조금 더 높았습니다. 흔히 말하는 얼큰이(얼굴이 큰 사람)들에겐 조금의 위로가 되는 결과지요. 그러나 상관계수는 0.33이 나왔습니다. 상관계수란 것은 두 통계의 결과가 실제로 상관이 있는 정도를 나타낸 것으로 0이면 아예 없고 1이면 확고하게 관계가 있다는 의미입니다. 보통 0.5 정도가 되면 영향이 아주 큰 것입니다. 0.33이면 연관이 있을 수도 있지만 그다지 큰 신빙성은 없다는 정도입니다.

더구나 평균이 그렇다는 것일 뿐입니다. 예를 들어 두개골이 큰 사람들의 지능 분포를 보면 90~140 사이에 다양하게 골고루 분포해있고, 두개골이 작은 사람들도 90~140 사이에 골고루 분포해있습니다. 다만 두개골이 큰 사람들이 전반적으로 높은 지능을 가지는 쪽에 더 많이 분포한 정도지요. 따라서 얼굴이 크다고 그 사람이 지능이 높을 확률은 그다지 높지 않은 것입니다. 그 실험에서 지능과 상관관계가 더 높은 것은 필체였다는 것도 주목해볼 지점입니다. 즉 아직 컴퓨터가 일반화되지 않았을 때의 실험이라 필기도구를 많이 사용하고 반듯하게 글을 쓰는 사람들이 지능이 높았다고도 유추해볼 수 있는 것이지요.

물론 20세기 들어 신골상학이라는 연구도 나오긴 합니다만 두개골의 외형적 모습을 관찰해선 인간의 지능이나 성격, 품성 등을 확인할 수 없다는 것이 과학계의 판단입니다. 즉 골상학은 이미 유사과학으로 분류되어 버렸다는 거죠.

잘난 놈만 골라내자

골상학은 그래도 유머러스하기도 하고, 아주 큰 해악을 끼친 유사과학은 아닙니다만 우생학eugenics은 좀 다릅니다. 우생학은 그야말로 과학의 외피를 쓰고 자신과 다른 인간, 민족, 종족에 대한 혐오와 멸시를 조장합니다. 우생학은 인간종의 개량을 목적으로 인간의 선별 육종에 대해 연구하는 학문입니다. 즉 열등한 유전자를 가진 인간은 자손을 낳지 못하게 하고, 우등한 유전자를 가진 인간은 자손을 많이 낳게 해서 미래의 인간이 더 훌륭한 존재가 되도록 하자는 주장입니다.

사실 인간을 우월한 존재와 열등한 존재로 나누는 식의 주장은 고대에서부터 있어 왔습니다. 인간은 늘 자기를 중심으로 두고 다른 이들을 판단해왔지요. '저 녀석들은 나보다 피부가 희네, 저 인간들은 나보다 피부가 까매. 저 이들은 이상한 냄새가 나는 치즈를 먹어. 저놈들은 머리카락이 저렇게 꼬불꼬불해' 등 자신과 다른 것을 비정상abnormality이라 생각하지요. 항상 정상 normality은 자신이구요. 마치 그리스 신화에 나오는 프로크루스테스가 자신의 침대에 사람을 눕히고는 키가 더 크면 발을 자르고, 키가 작으면 늘렸다는 것처럼 말입니다. 플라톤은 『국가』에서 "가장 훌륭한 남자는 될 수 있는 한 가장 훌륭한 여자와 동침시켜야 하며 이렇게 태어난 아이는 양육되어야 하지만, 그렇지 못한 아이는 내다 버려야 한다."고 주장했고, 아리스토텔레스 또한 하층 계급의 다산으로 인한 과잉 인구는 빈곤, 범죄, 혁명의 우려가 있으니 그들의 출산율을 엄격히 제안해야 한다고 했습니다. 르네상스 시대 캄파넬라는 우월한 젊은이만 자손을 남길 수 있도록 통제되어야 한다고 했고요. 동양이라고 다르진 않았습니다. 이렇게 인간을 차별하는 주장은 때로 타민족에 대한 학살의 근거가 되고, 피지배민족을 지배하고 탄압하는 기제가 되기도 했습니다. 대부분의 문명에서 장애인이 차별받고 살해당하는 이유가 되기도 했고요.

그러나 이런 차별이 마치 과학적인 양 행세한 것은 19세기 무렵이 시작입니다. 찰스 다윈의 사촌이었던 프랜시스 골턴이

출발점이었습니다. 그는 진화론을 근거로 인간의 재능과 특질이 유전된다고 믿었습니다. 그리고 이를 통계적으로 정당화하려고 했지요. 1865년에 발표한「유전적 재능과 특질」이란 논문에서 그는 인간은 스스로의 진화에 책임이 있다고 주장합니다. 그리고 이 논문을 바탕으로 1869년엔『유전적 천재』를 발표합니다. 사회 저명인사의 가계도를 조사해봤더니 그들의 가까운 친척이 먼 친척보다 더 유명해졌다는 걸 통해 재능이 유전된다는 걸 증명했다고 주장한 거지요. 물론 저명인사들이 자신의 자녀나 가까운 친척들에게 더 좋은 자리를 마련해주고, 뒤를 봐줄 수 있다는 사실은 고려하지도 않았던 겁니다. 흔히들 이야기 하는 '흙수저, 금수저'는 사실 늘상 있어왔던 건데 말이지요. 심지어 고대 로마에서도 유력한 집안 자식으로 태어난 것을 '은수저를 물고 태어났다'고 표현했습니다.

'본성이냐 양육이냐'라는 유명한 말을 남긴 그는 우월한 인간과 열등한 인간은 환경적 요인이 아니라 본성에 의해 결정된다는 주장을 합니다. 따라서 벼를 재배하거나 돼지를 사육할 때 인위적 선택을 통해 우리가 원하는 형질을 가지도록 품종을 개량하는 것처럼, 인간도 인위적으로 개량될 수 있다고 봤지요. 그리고 이런 인간 개량이 문명화를 위한 가장 중요한 토대가 될 거라고 믿었습니다. 그래서 이를 위한 정책 수단을 동원해야 한다고 말했습니다. 즉 잔디밭에서 잡초를 제거하듯 열등한 인종을 제거해야 한다고 주장한 겁니다. 지금으로 보면 말도 되지 않는 이런 주장이 버젓이 발표되고 또 호응을 받았습니다. 그 결과가 나치에 의한 유대인과 집시의 대량 학살로 이어졌지요. 그뿐이 아닙니다. 이런 우생학적 논리는 19세기에서 20세기에 걸쳐 유럽인들이 다른 대륙의 식민지를 지배하고, 피지배자를 억압하는 데 가장 중요한 이데올로기가 됩니다.

이런 차별은 다른 민족에게만 향한 것이 아닙니다. 한 사회 안에서도 차별은 이어집니다. 20세기 중후반까지 지속되는 장애인들의 강제 불임시술이 대표적인 예입니다. 장애인, 특히 지적 장애인들에 대해 이런 '질병'은 유전되는 것이고, 사회의 발전에 어떠한 도움도 되지 않고, 오히려 사회적 비용과 개인적 불행을 대물림할 뿐이란 주장이 우생학적으로 제시됩니다. 그래서 1927년 미국 대법원은 지적 장애인들에 대한 강제 불임수술이 합법이라는 판결을 내렸고 이후 미국의 각 주는 장애인 수용시설에 수술대를 마련하고 남녀 구분 없이 강제로 불임수술을 했습니다. 이런 일이 1980년대 초까지 자행되었지요. 유럽도 마찬가지여서 스페인에선 6만여 명이 강제불임수술을 당했습니다. 이웃 일본에서도 1949년 우생보호법에 의해 16,521명이 불임수술을 당합니다. 우생보호법은 1996년이 되어서야 개정되지요.

장애인만 차별의 대상이 된 건 아닙니다. 동성애도 일종의 '정신적 질병'으로 보고는 불임시술을 하거나 가두고 '치료'를 시도했습니다. 여성에 대한 차별도 마찬가지지요. 여성은 '선천적'으로 남성보다 열등한 존재라서 선거권이나 피선거권을 줄 수 없다고 주장했지요. 또한 당시 산업혁명을 통해 양산된 노동자 계층에 대해서도 마찬가지로 대했습니다. 자본이나 토지를 소유하지 못한 노동자는 19세기 말에서 20세기 초의 다양한 투쟁을 통해서 겨우 선거권을 가지게 되었습니다.

그러나 이제 우리는 인간은 선천적으로 우열을 가릴 수 없는 존재라는 사실을 '생물학적'으로 압니다. 그리고 개인별 격차가 그가 누려야 할 권리를 제한하는 수단이 될 수 없다는 것 또한 이해하고 있습니다. 프랑스 대혁명의 "인간과 시민의 권리 선언"과 1948년 유엔의 "세계 인권 선언"은 이를 분명히 밝히고 있지요. 사실 저는 이 두 가지 선언이 초등학교에서부터 꼭 배워야 할 필수적인 거라 생각합니다. 그러나 안타깝게도 인간은 아직도 서로의 차이가 '선천적'일 수 있다는 고정관념을 아직도 가지고 있습니다. '어느 지역 사람들은 좀 이상해, 여자들은 도무지 이해할 수가 없어, 게이들하고 친해지긴 좀 어려워' 등등의 말과 생각이 그렇습니다. 사실 제가 좀 순화시켜서 쓴 것이고 실제는 더 강한 멸시와 혐오를 가지고 있지요.

단일민족이라는 허상

　혹시 남방계 얼굴과 북방계 얼굴이라는 말 들어보신 적 있 나요?[13] 한국인의 얼굴이 특징에 따라 크게 두 가지 형태로 나 뉜다는 건데요. 북방계는 흰 피부, 갸름한 얼굴, 광대가 들어가 고 쌍꺼풀이 없는 작은 눈을 가지고 있다고 합니다. 눈썹은 가늘 고 옅은 반달 모양이고 눈 사이 거리, 즉 미간이 좁고 코는 길고 뾰족하지요. 입술은 얇습니다. 반면 남방계는 까무잡잡한 피부, 네모난 얼굴, 광대가 나오고 쌍꺼풀이 있는 큰 눈을 가지고 있습 니다. 눈썹은 진하고 두꺼우며 미간은 넓고 코는 짧고 뭉툭합니 다. 입술은 두껍지요. 물론 모든 한국인이 이렇게 나뉘는 건 아 니고 조금씩 서로 섞여 있습니다.

이렇게 나눌 수 있는 것은 한국인의 조상이 크게 두 갈래로 나뉘기 때문입니다. 북방계의 선조는 시베리아를 거쳐 왔습니다. 빙하기의 시베리아를 15,000년 간 묵묵히 견딘 이들은 추위에 적응하며 지금 우리가 아는 북방계형의 얼굴로 바뀌었습니다. 남방계의 선조는 아마도 대만과 중국 남부, 혹은 일본 등을 거치면서 배로 이동했을 듯합니다. 아니면 빙하기에 드러난 서해의 땅을 걸어왔을 수도 있고요. 이들은 열대와 아열대의 아시아에서 1만 년이 넘는 기간을 살아왔지요. 그 결과가 남방계의 얼굴로 드러납니다.

아주 옛날 흔히 역사 시간에 부족국가 시대로 배우는 그 시기와 그보다 이른 시기에 한반도에 온 이 두 무리는 때로는 싸우고, 때로 협력하며 한반도에서 줄곧 살았습니다. 아마도 부족국가 시대에는 다른 특징을 가진 얼굴로 서로를 파악했을 수도 있습니다. 통일 신라와 발해, 고려를 거치면서 하나의 국가 안에서 살게 된 이들이 우리의 조상인 거지요.

우리가 다른 민족들에 비해 외부와의 교류가 별로 활발하지 않았던 것은 사실입니다. 교류라고 해도 일본과 중국, 그리고 한반도 위쪽의 소수 민족들이 대부분이었습니다. 그래도 삼국시대나 고려까지는 꽤 활발한 편이어서 당시의 이슬람 사람들과 인도, 동남아시아와도 어느 정도 교류가 있었든 듯 싶지만 조선시대로 접어들면서 더 폐쇄적으로 변했지요. 여러 가지 이유가 있겠습니다만 여기선 그걸 따지진 않겠습니다. 그 결과로 우리는 스스로를 단일민족이라고 생각해왔죠. 특히나 어릴 때 학교에서 반만 년 역사의 단일민족이라는 자긍심을 가져야 한다고 배웠지요.

그런데 정말 우리가 단일민족일까요? 얼굴 이야기에서도 나오듯이 한반도에 사는 이들은 시베리아에서 온 북방계와 쿠루시오 해류를 따라 올라온 남방계, 둘을 선조로 가지고 있습니다. 그뿐만이 아니지요. 백제와 신라, 가야는 일본과 빈번한 교류가 있었습니다. 그리고 일본의 주류는 우리나라의 남방계와 그 연원이 거의 같습니다. 더구나 36년 간의 일제강점기도 있었지요. 우리 모두의 DNA에는 일본인의 유전자가 어느 정도 들어 있을 수밖에 없습니다. 물론 일본인의 DNA에도 우리 것이 들어 있겠지요. 그뿐일까요? 백제와 신라는 중국과도 활발한 교류를 했습니다. 발해는 고구려의 후손과 말갈족이 같이 세운 나라였고요. 고려시대에는 몽고제국과 강제적인 교류의 역사도 있습니다. 물론 한반도에서 위치가 아주 다양한 교류가 있거나 대규모로 이민족이 이주한 역사가 없기 때문에 이러한 피의 섞임은 일부이긴 합니다만, 단일민족이라고 단호하게 주장하기는 어렵다는 거지요.

과학이라는 헛소리

그리고 더 중요한 지점은 과연 단일민족이 좋은 것인가 하는 점입니다. 흔히들 혼혈에 대해 별로 좋지 않게 생각하는 경향이 있습니다. 이유가 없진 않습니다. 일단 농경을 주로 하는 이들은 한 곳에 정착해서 삽니다. 매일 서로 얼굴을 맞대고 사는 거죠. 거기다 대를 이어서 같은 곳에 사니 서로 친인척 관계가 되는 경우도 허다합니다. 그리고 외부와의 교류는 크게 없습니다. 있어봤자 자체적으로 생산하지 못하는 물품을 사고, 남는 물품을 파는 경우에 한정되지요. 이웃마을 정도야 서로 왕래하지만 일정한 범위를 넘어서는 곳은 말 그대로 외지입니다. 그리고 대규모 교류가 이루어지는 것은 전쟁이 일어나거나 그 외 다른 이유로 난민이 발생하는 경우일 뿐입니다. 어떤 경우든 좋은 게 아니지요. 이런 점들이 일정한 공동체의 폐쇄성을 만들고 외부인을 경계하게 만듭니다. 물론 다른 이유들도 있겠지만요.

그래도 일제강점기를 지나면서 외국과의 교류가 더 많아지고 6.25와 이후 과정에서도 계속 교류는 늘어납니다. 그렇다고 이런 폐쇄성이 쉽게 사라지진 않습니다. 이미 뿌리 깊은 선입견이 거세게 저항하지요. 하지만 이제 우리는 길 가다 보면 외국인들과 마주치는 일이 다반사인 사회에 살고 있습니다. 어촌의 선원 중 절반은 외국인 노동자고, 동남아시아 여성과 결혼하는 남자도 늘어났습니다. 동대문에는 우즈베키스탄 같은 중앙아시아인들이 모이고, 대림동에는 중국인과 중국교포들이 밀집해있지요. 안산에는 베트남 등의 동남아 노동자들이 모여 삽니다.

생물학적으로도 순혈주의는 좋은 것이 아닙니다만 다른 민족을 배척하는 일은 생물학적 타당성 이전에 사람으로서 할 일이 아니지요. 흔히들 외국인들이 한국인의 일자리를 빼앗는다고들 하지만 반대로 우리나라 사람들이 하기 싫어하는 일, 힘든 일을 대신 해주는 것이기도 합니다. 혐오는 주로 낮은 쪽으로 흐릅니다. 윌 스미스 같은 유명한 배우에는 한풀 꺾여도, 지나가는 흑인들에게는 비아냥대는 식이지요. 백인들에게는 뭐라 하지 않으면서 공장에서 일하는 동남아인에게는 천대를 하는 식이구요.

앞서 우생학과 골상학에서도 살펴봤다시피, 그리고 인종주의에서도 언급한 것처럼 인간은 서로를 나눌 만큼 유전적 다양성을 가진 존재가 아닙니다. 백인과 황인 흑인의 차이가 별거 없는 것으로 드러났는데, 같은 황인종에서 다시 중국인, 일본인, 몽고인, 한국인을 나눠서 뭔 의미가 있겠습니까? 이 나라 사람들 사이의 생물학적 차이는 사실 거의 없다고 봐도 과언이 아닐 것입니다. 일본인과 우리나라 남방계 사이의 차이는 어쩌면 우리나라 북방계와 남방계의 차이보다 작을지도 모릅니다. 북방계와 몽고인의 차이도 마찬가지구요. 따라서 생물학적 의미의 단일민족이란 주장은 허구일 뿐입니다. 더구나 이런 단일민족, 순

혈주의가 타인에 대한 멸시와 차별, 혐오로 쓰인다면 이야말로 지금 당장 버려야 할 이데올로기인 것이죠.

다만 단일국가를 형성하고 동일한 언어를 쓰면서 근 천 년을 지속해온 까닭에 우리는 문화적 공통성을 가지고 있고 이것이 우리나라 사람들과 여타 국적의 사람들을 나눌 수 있는 근거는 될 수 있을 것입니다. 그러나 하나의 문화가 다른 문화보다 더 우월한 것도 아닌데, 순혈주의를 고수한다는 것이 어떤 긍정적 의미가 있을까요? 우리 문화의 장점을 살리는 것과 동시에 다양한 문화와의 접점을 만들고 그 속에서 더 풍부한 내용을 만들어나가는 것이 더 중요할 것입니다.

핏줄이라는 거짓말

저는 아버지의 유전자와 어머니의 유전자를 정확히 절반씩 받았습니다. 따라서 유전적으로 저는 1/2의 아버지와 1/2의 어머니인거죠. 하지만 딱 여기까지입니다. 어머니는 외할아버지와 외할머니의 유전자를 반반씩 받았습니다만 같은 비율로 저에게 1/4의 외할머니와 1/4의 외할아버지 유전자를 주시진 않습니다. 어머니가 제게 주신 유전자 중 몇 퍼센트가 외할머니인지는 어머니도 저도 모릅니다. 마찬가지로 아버지도 친할아버지의 1/2과 친할머니의 1/2로 이루어진 유전자를 가지지만 두 분의 유전자가 어떤 비율로 저에게 전해졌는지는 아무도 모릅니다. 물론 네 분 중 한 분의 유전자를 하나도 가지고 있지 않을 확률은 매우 낮습니다만 그렇다고 정확히 1/4씩 될 확률도 매우 낮습니다. 증조부모 때로 올라가면 이론상 1/8정도씩의 유전자가 되고, 고조 때로 올라가면 1/16 정도씩이 됩니다. 10대만 거슬러 올라가도 제 아버지의 아버지의 아버지…의 아버지가 되시는 분은 평균적으로 1/1024의 유전자 정도만 저와 동일하게 될 겁니다.

그런데 왜 제 성은 그 1/1024에 해당하는 단 한 분의 성을 그대로 따라야 하는 걸까요? 그리고 호적은 왜 그쪽으로만 계속 이어질까요? 또 왜 재산의 상속에선 친가와 외가가 달라지고, 여자와 남자가 달라질까요? 부계로 이어지는 유전자에는 뭔가 특별한 것이 있는 걸까요? 유전학과 생물학은 '전혀' 아니라고 말합니다.

그렇다면 생물학 이외의 다른 분야에서 부계로 이어지는 뭔가 특별한 것이 있는 걸까요? 이 책을 쓰기 위해 여러 학문을 검토해봤는데 일단 제가 아는 범위의 과학에서는 없는 듯합니다. 다만 남성 중심의 가부장적 질서가 계속 이어졌을 뿐입니다. 우리나라 옛 시조에 '아버님 날 낳으시고 어머님 날 기르시니'란 구절이 있습니다. 성경 마태복음에도 '아브라함이 이삭을 낳고 이삭은 야곱을 낳고 야곱은 유다와 그의 형제를 낳고…'란 식으로 표현됩니다. 실제로 아버지가 자식을 낳는 게 아닌데도 말입니다. 가문이 부계로 이어진다는 상징적인 표현이지요. 일부 소수 민족을 제외하고 역사 이래 인간의 가족은 남성을 중심으로 한 가부장 사회였습니다. 그 결과로 앞서 말씀드린 부계로 성을 이어간다든가, 호적을 만드는 등의 불합리한 일들이 아직도 남아있는 것이지요. 실제로 지금은 사라졌지만 십여 년 전만 하더라도 아버지가 돌아가시면 어머니가 아니라 그 아들이 법률상의 가장이었습니다. 아버지가 돌아가시면 우선순위가 장남이었고 그 다음이 기타 아들이었습니다. 아들이 없어야 '미혼'의 딸이 다음 순서였고, 그 다음이 아내였지요. 만약 아버지가 돌아가실 당시 어머니와 다 큰 딸이 있고, 갓난 아들이 있으면 말도 제대로 못 하는 그 아들이 호주가 되어 집안을 대표하는 것입니다. 호주제라고 하지요. 2005년에야 겨우 폐지가 됩니다만 그때도 유림을 중심으로 격렬한 반대가 있었습니다. 이런 말도 안 되는 일이 법으로 정해져선 근 60년을 이어져온 것입니다.

호주제보다 더 황당했던 것은 '동성동본 혼인금지'였습니다. 가령 내가 김해 김씨면 같은 김해 김씨와는 결혼을 할 수 없다는 것이지요. 실제로 많은 연인들이 이 조항에 걸려서 헤어지고, 혹은 같이 살아도 정식으로 혼인신고를 할 수 없는 등 많은 아픔이 있었습니다. 고故 신해철씨는 동성동본 혼인금지를 비판하기 위해 '힘겨워하는 연인들을 위해' 라는 노래를 발표하기도 했습니다.

이 조항은 1997년에야 헌법재판소에서 헌법불합치 결정을 내렸고, 2005년이 되어서야 호주제와 함께 폐지됩니다. 동성동 본이라 함은 시조가 같다는 뜻이고 따라서 같은 조상을 둔 친척 이니 결혼하면 안 된다는 논리였지요. 우리나라에서 가장 많은 인구를 차지하는 김해 김씨 같은 경우 전 인구의 10% 정도에 해 당합니다. 이들이 모두 친척이라는 거죠. 시조는 가야의 김수로 입니다. 대략 지금으로부터 1,500년도 더 전의 분이니 30년을 한 세대로 치면 50대 조상인 셈입니다. 그러면 현재 살고 있는 김해 김씨의 경우 자신의 유전자 안에 그분의 유전자 $\frac{1}{2^{50}}$ 을 가 지고 있는 셈입니다. 계산해보면 1,125조 분의 1 정도를 가지고 있는 거지요. 이를 외고조 할머니의 여동생의 증손과 결혼하는 경우와 비교해보지요. 둘 다 아버지의 성을 따르니 같은 성이 아 닐 경우가 가능합니다. 이때 그와 나는 1/32이나 되는 유전자를 공유할 가능성이 있습니다. 1,125조 분의 1과는 비교도 되지 않 습니다.

물론 핏줄이라는 관념과 문화가 잘못된 상식에만 기인한 것은 아닐 것입니다. 어찌 보면 남성 위주의 가부장사회를 유지 하기 위한 하나의 시스템이었겠지요. 핏줄이라는 하나의 상징과 이를 지탱하는 구체적인 관습을 통해 사회를 유지해왔지요. 그 러나 그 시스템이 반대로 여성에게는 억압의 기제로 작용했고,

맏이 아닌 둘째나 세째에게 차별로 작용했다는 것 또한 사실입니다. 지금껏 내려완던 관습과 그로 인해 만들어진 문화를 하루아침에 바꿀 수는 없을 것입니다만, 이를 극복하려는 노력에 도움을 주진 못할 망정 '근본없는 것'이라는 딱지를 붙이고, 이를 방해하려는 일은 막아야 할 것입니다.

사족을 붙이자면 엄마와 태아도 뱃속에서 서로 섞이지 않는 것이 피입니다. 엄마의 핏줄과 태아의 핏줄이 서로 만나는 곳에서 혈관벽을 통해 물질 교환을 할 뿐이지요. 하물며 아버지의 피가 어찌 자식과 섞이겠습니까.

체크리스트

사회진화론은 다윈의 진화론과 매우 밀접한 관계에 있다	✖
동성애 전환치료는 비윤리적이다	⭕
전 인류는 백인종 황인종 흑인종의 세 인종으로 나뉜다	✖
두개골을 보면 그 사람의 지능을 알 수 있다	✖

과학이라는 헛소리

7

과학은 과학에게,
종교는 종교에게

보지 않고 믿는 자가 복되도다

    신약성경에 보면 예수가 죽은 지 삼일만에 부활하여 몇몇 지인과 제자들에게 나타납니다. 부활한 예수를 목격한 제자들이 기쁘게 그 소식을 전합니다. 12사도들 중 하나였던 토마는 그러나 부활을 믿지 못합니다. 자신이 직접 예수를 접하고 십자가에서 사망할 때 생긴 허리와 손바닥의 상처를 확인해야만 믿겠다고 했지요. 그리고 며칠 뒤 토마 앞에 예수가 직접 현현합니다. 그리고 상처를 확인시켜주지요. 그 뒤 예수가 말합니다. "보지 않고 믿는 자가 복되도다(요한복음 20장 29절)" 저는 이 말이 종교의 본질에 닿아있다고 생각합니다.

    신을 믿는다는 것은 이렇게 어떠한 증명을 필요로 하는 과학적 행위가 아닙니다. 자신이 생각하기에 신이 있기 때문에 그저 믿는 거지요. 제 주변에도 신을 믿는 분들은 많고, 주변의 과학자 중에서도 종교인들이 꽤 됩니다. 그러나 그런 분들은 대부분 종교와 과학에 일정한 선을 긋습니다. 즉 빅뱅과 지구의 탄생, 그리고 생물의 역사에 대해 과학적으로 증명된 사실을 받아들이는 데 종교를 가지고 있다는 것이 아무런 문제가 되질 않는 거지요. 신에 대한 믿음은 자신의 내면에서 신과의 대면을 통해 이루어지는 것이고, 그를 통해 삶의 방향을 정하고, 위로를 얻는 것에 대해 타인이 뭐라 할 것이 없습니다. 더구나 그분들은 신과 자신의 관계를 둘만의 내적 교류로 생각하며, 자신이 신을 믿는 이유를 '과학적으로 증명'하려 하지 않습니다.

그러나 불행하게도 일부 종교인들, 특히 근본주의 기독교인들은 신을 '증명'하려 합니다. 왜 굳이 종교가 과학의 영역까지 내려와서 싸우려는 걸까요? 나름대로 여러 가지 이유가 있겠지만 가장 큰 이유는 '성경'을 '문자 그대로' 믿어야 한다고 여기기 때문일 것입니다. 하지만 성경 중 특히 구약은 그야말로 상징과 은유로 가득하며 당시의 시대적 상황에 맞춰 서술된 내용인데 그걸 글자 하나하나 그대로 믿는다는 것이 말이나 되는 일일까요?

그런데 이렇게 글자 하나하나를 믿는 이들 때문에 19세기 진화론이 등장한 뒤 진화론과 창조론의 논쟁은 현재까지도 끊임

없이 이어지고 있습니다. 물론 과학에도 논쟁은 있습니다. 아직 밝혀지지 않은 불명료한 현상의 경우 서로 다른 가설을 제시하고 그를 증명하는 실험을 하며 논쟁을 하지요. 과학에서의 이런 논쟁은 우리의 앎을 풍부하게 해주고, 더욱 정확한 인과관계를 확인할 수 있게 해주는 생산적 논쟁입니다. 그러나 창조론과의 논쟁은 이런 즐거움과 유익은 없고 짜증만 유발할 뿐입니다. 특히나 학교에서 진화론과 동등하게 창조론도 가르쳐야 한다고 주장하는 것은 단순한 짜증의 문제가 아니라 시대를 역행하고, 자라나는 아이들에게 잘못된 지식을 전달하는 아주 유해한 일이지요. 실제로 2012년에 창조과학을 지지하는 "교과서진화론개정추진위원회(교진추)"가 교과서에서 진화론을 삭제해야 한다는 청원을 낸 일이 있습니다. 당시 교육과학기술부가 이것을 받아들이면서 문제가 되었지요. 시조새, 말의 진화과정 등이 교과서에서 빠질 뻔한 일이었습니다. 이후 과학계의 반발과 적극적인 주장에 의해 진화 관련 내용을 삭제하지 않기로 결정을 했습니다만 가슴 철렁한 일이었습니다.

그래서 사실 이들의 주장은 진지하게 논박할 가치도 없지만, 그리고 논박하는 것 자체도 짜증이 날 정도지만 다시 한 번 '과학의 외피'를 쓴 창조론의 여러 주장에 대해 살펴보고자 합니다.

창조는 과학이 아닙니다

얼마 전에 이 창조과학creation science을 '믿는' 분이 장관 내정자가 되었다가 지명 철회된 적이 있어서 다시금 창조과학이 유명세를 치렀던 적이 있었죠. 그때 창조과학이란 용어를 처음 들어본 분도 계실 겁니다. 한마디로 창조과학은 성경이 과학적으로 올바르다는 걸 증명하는 걸 목표로 합니다.

주로 성경을 글자 그대로 다 믿는 굉장히 보수적인 기독교인들의 주장입니다. 성경은 글자 하나하나마다 하나님의 영감으로 기록되었기 때문에 단 한 글자도 틀림이 없다는 축자영감설에서 기원하지요. 단 한 글자도 틀린 것이 없으니 성경에 나오는 이야기들 또한 모두 사실이라고 이야기합니다. 물론 중세에는 이런 생각을 하는 신학자들이 꽤 있었습니다. 그러나 르네상스 이후 과학이 발전하면서 신학자들의 태도도 바뀌었지요. 이제 많은 성서학자나 신학자들도 성서를 당시 시대의 문화적 역사적 배경 아래서 읽고, 상징과 은유로 해석하면서 그 속에 담긴 메시지를 파악하는 것이 더 중요하다고들 생각합니다.

그런데 아마추어 지질학자였던 조지 맥크리디 프라이스가 1923년에 발표한 『새로운 지질학The New Geology』에서 기존의 지질학은 틀렸다며 성서에 기초한 주장을 합니다. 19세기 말 미국에서 세력을 얻어가던 기독교 근본주의의 성서무오설*을 과학적으로 뒷받침하고자 한 것입니다. 당시에는 별 영향이 없었죠. 그러다 1961년 신학자 존 위트콤과 수력공학자 헨리 모리스가 이 책을 기반으로 새로 『창세기의 홍수이야기The Genesis Flood』란 책을 내는데 이게 대박이 납니다. 이들은 책의 성공에 고무되어 창조연구회Creation Research Society와 창조연구사업회The Institute of Creation Research를 설립하고 본격적인 창조과학 운동을 시작하지요.

한국에서도 유사한 단체가 1980년대에 만들어집니다. 바로 창조과학회입니다. 과학자들도 꽤 많이 참여하고 있어서 얼핏 면면을 보면 과학적으로도 뭔가 타당할 듯이 보입니다. 그러

---

* 성서무오설Biblical inerrancy 성서가 신의 말씀을 빠짐없이 적어 놓은 책이므로 틀린 부분이 단 한 글자도 없다는 주장입니다. 앞서 말한 축자영감설과 비슷하지요.

나 잘 살펴보면 전자공학자가 진화론의 허구성을 이야기하는 식으로 실제 자기 학문 영역이 아닌 전혀 무관한 분야에 대해 헛발질을 하고 있다는 걸 알 수 있습니다. 창조과학회가 주로 다루어야 하는 학문 분야는 진화학과 지질학, 천문학인데 참여하는 이들은 그건 전공과는 무관한 분야의 사람들이 더 많습니다. 더구나 말이 학회인데 30년이 넘도록 논문 하나 내지 않았다는 사실은 이들이 진지한 연구를 하는 이들이 아니라는 걸 보여줍니다. 물론 근본주의 기독교만 이런 것은 아닙니다. 근본주의 이슬람도 마찬가지로 진화론을 부정합니다. 심지어 국가에서 진화론을 가르치는 것을 금지하기까지 합니다.

이들의 주장 중 중심적인 것을 몇 가지 확인해봅시다. 창조과학에 의하면 우주와 지구의 나이는 6,000년입니다. 흔히 젊은 지구론과 젊은 우주론이라고 합니다. 이 부분부터 살펴보지요.

젊은 지구

성경에 따르면 지구의 나이는 얼마나 될까요? 창세기 1장에 따르면 하나님은 세상을 6일 만에 만들었고, 창세기 5장과 11장에 기록된 바에 따르면 아담, 셋, 에녹, 므두셀라, 노아 등은 900살이 넘게 살았다고 하지요. 창조과학자들이 이를 모두

합산해보니 지구 나이는 약 6,000~7,000년 사이라고 하더군요. 이를 '젊은 지구론'이라고 합니다.

　　아담의 창조에서 야곱의 출생까지가 2,168년이고 이후 야곱이 이집트로 들어갈 때까지 130년이 걸렸으며, 그 뒤 이집트를 나와 현재의 팔레스타인에 정착할 때까지가 430년, 그리고 솔로몬의 즉위가 기원전 970년이라고 하지요. 이를 다 합치면 지구의 역사는 기원전 4174년에 시작된다는 겁니다. 그러니 거기에 2,018년을 더하면 지구의 나이는 6,192년이 됩니다!

　　이런 주장은 사실 오래된 일입니다. 성경을 글자 하나하나 다 믿었던 중세 유럽의 성서학자들로부터 시작되었으니까요. 가장 유명한 주장은 아일랜드의 대주교 제임스 어셔가 천지창조를 기원전 4004년 10월 23일이라고 날자 까지 못 박아 버린 겁니다. 이왕 하는 김에 몇 시 몇 분 몇 초였는지도 밝혔으면 더 좋았을 터인데 말이죠.

　　그러다 뉴턴이 『프린키피아Principia』를 통해 지구만한 크기의 불덩어리가 20도 내외로까지 식으려면 대략 5만 년은 걸릴 것이라고 주장합니다. 당시의 뷔퐁 백작은 실제로 실험을 해보곤 9만 년이 조금 더 걸릴 거라고 계산했습니다. 푸리에 급수로 유명한 수학자 푸리에는 열전도 방정식을 만들었는데 이를 계산해보면 1억 년이 나옵니다. 그 후 다양한 과학자들이 자신의 연구 분야를 응용해 나름대로 지구의 나이를 계산해봅니다만 다들 가설의 수준을 넘어서진 못합니다. 가장 결정적인 문제는 화석이나 지층을 연구하다 보면 지구의 나이가 최소한 몇억 년 이상은 된 것으로 보이는데 지구가 수천 도의 불타는 용암(마그마가 더 정확한 표현입니다)이었다가 현재의 온도로 식기까지 걸리는 시간은 아무리 계산해봐도 몇만 년에서 몇십만 년밖에 걸리지 않는 겁니다. 그러다가 우라늄이나 라돈 같은 방사성 물질이 발견되면서 문제가 해결됩니다.

방사성 원소들은 자연 상태에서 핵붕괴를 일으켜 다른 원소로 바뀌고 이 과정에서 방사선을 내놓습니다. 이 방사선은 에너지를 가지고 있기 때문에 주변의 온도를 올리는 역할을 하는 것이지요. 즉 지구는 그냥 식었으면 벌써 사람이 살기 힘든 아주 차가운 행성이 되어야 하지만 지구 내의 방사성 원소들이 내놓는 열 때문에 식는 속도가 느려져 아직은 차갑지 않다는 겁니다. 물론 지구 표면의 온도가 20도 내외를 유지하는 것은 이것 때문이 아니라 대기와 해양의 영향이 더욱 큽니다.

그리고 또 하나의 발견이 있었습니다. 원소들은 대부분 양성자의 개수는 같지만 중성자 수가 다른 동위원소를 가지고 있는데 이 동위원소들 중 일부는 방사성 동위원소라는 걸 알게 된 겁니다. 이 동위원소들 사이에는 일정한 비율이 있습니다. 수소를 예로 들자면 수소와 중수소의 존재비는 **99.9885%** : **0.0115%**입니다. 탄소의 경우 원자량 12인 탄소와 13인 탄소가 **98.9%** : **1.1%**의 비를 이루고 있지요. 그런데 방사성 동위원소의 경우 일단 만들어지면 스스로 붕괴하는 성질 때문에 시간이 지날수록 그 양이 줄어듭니다. 어느 정도의 속도로 줄어드는지는 종류에 따라 서로 다르지요.

따라서 특정한 원소의 동위원소들의 비를 측정해보면 그 지층의 연대를 꽤 정확하게 알 수 있습니다. 우리나라의 중학교 과학 시간에 모두 다 배우는 것이지요. 물론 말처럼 쉬운 것만은 아닙니다. 방사성 붕괴는 알파붕괴도 있고 베타붕괴도 있으며, 시료의 정확성을 확인하는 것도 간단한 일이 아니기 때문입니다. 그러나 이 방법으로 객관적인 연대 측정이 가능해졌다는 것은 사실입니다. 나 혼자서만 측정해서 발표하는 것이 아니라, 서로 독립적으로 연구하는 여러 학자들이 따로 측정해서 발표하는데 그 값들이 서로 일치하는 거지요.

그런 과정을 거친 몇백 년의 연구 결과 **20**세기가 되어서 지구 나이는 약 **45**억 년인 것으로 과학자들 사이에서 인정을 받게 되었습니다. 수천 명의 과학자들이 각기 독립적으로 연구한 결과가 서로 맞아떨어진 거지요. 생물학에서도 지질학에서도 천문학에서도 모두 같은 결과가 나옵니다. 지구 나이는 **45**억 년이라고요. 그럼에도 불구하고 여전히 지구 나이를 6,000년으로 생각하는 이들이 있다는 건 참으로 안타까운 일이 아닐 수 없습니다.

물론 구약성경을 전문적으로 연구하는 구약학자들 중에는 이런 '젊은 지구론'을 지지하지 않는 분들도 많습니다. 그러나 문제는 대형교회를 중심으로 많은 기독교인들이 이를 '신앙의 힘'으로 믿고 있다는 거지요. 심지어 장관 후보자가 국회 청문회에서 "지구 나이는 6,000년이라고 신앙적으로 믿고 있다."고 이야기할 정도이니까요!

젊은 우주론

성경 창세기에 보면

"하나님이 이르시되 빛이 있으라 하시니 빛이 있었고 / 빛이 하나님이 보시기에 좋았더라 하나님이 빛과 어둠을 나누사 / 하나님이 빛을 낮이라 부르시고 어둠을 밤이라 부르시니라 저녁이 되고 아침이 되니 이는 첫째 날이니라 / 하나님이 이르시되 물 가운데에 궁창이 있어 물과 물로 나뉘라 하시고 / 하나님이 궁창을 만드사 궁창 아래의 물과 궁창 위의 물로 나뉘게 하시니 그대로 되니라 / 하나님이 궁창을 하늘이라 부르시니라 저녁이 되고 아침이 되니 이는 둘째 날이니라 / 하나님이 이르시되 천하의 물이 한 곳으로 모이고 뭍이 드러나라 하시니 그대로 되니라 / 하나님이 뭍을 땅이라 부르시고 모인 물을 바다라 부르시니 하나님이 보시기에 좋았더라"

(창세기 1장 3절~1장 10절)

라는 구절이 있습니다. 이 글대로라면 우주가 만들어진 것은 첫날이고 지구가 만들어진 것은 두 번째 날과 세 번째 날이 됩니다. 따라서 우주는 지구와 하루나 이틀밖에 차이가 나지 않지요. 그래서 창조과학에서는 우주의 나이도 6,000년에서 12,000년 정도로 추정합니다. 젊은 지구론과 마찬가지로 말도 안 되는 주장이지요.

현재 망원경으로 관측 가능한 천체 중 가장 멀리 있는 천체들은 대략 130억 광년 정도 떨어진 거리입니다. 빛의 속도로 달려도 130억 년이 걸린다는 이야기지요. 관측한 결과만 놓고 보더라도 우주는 130억 살이라는 말입니다. 또 우리 은하에서 가장 가까운 은하들이 마젤란은하와 안드로메다은하입니다. 그중 대마젤란은하는 약 16만 광년 떨어져 있고 소마젤란은하는 20만 광년 정도 떨어져 있습니다. 안드로메다은하는 250만 광년 정도

떨어져 있지요. 이 은하들은 맨눈으로도 보입니다. 이 은하에서 온 빛이 지구로 오는 데만도 최소한 16만 년 이상이 걸리는데 무슨 6,000년이고 12,000년이란 말입니까. 하다못해 우리 은하의 중심에서 지구까지의 거리도 3만 광년입니다.

그런데 창조과학 지지자들은 빛이 예전에는 무한대의 속도였을 가능성이 있다고 합니다. 아인슈타인이 지하에서 울 일이지요. 또 하나님은 불가능이 없기 때문에 애초에 우주를 창조할 때 빛이 이미 도달해있는 상태로 창조했다고도 합니다. 뭐 이 정도면 대놓고 과학이랑 상관없다는 말이 아닐까요?

굳이 눈을 들어 별을 관측하지 않아도 증거는 흘러넘칩니다. 지구에 떨어진 운석을 가지고도 확인할 수 있습니다. 방사성 동위원소를 이용해서 측정하면 40억 년이 넘는 운석들이 허다합니다. 그뿐인가요? 달은 매년 3센티미터씩 멀어집니다. 이를 가지고 역산해보면 달이 지구로부터 떨어져 있었던 기간은 최소한 30억 년 이상이 됩니다. 앞서 젊은 지구론에서 지구의 나이를 확인하는 증거들을 논했기 때문에 그 부분은 넘어가도 도처에 우주의 나이가 창조과학에서 말하는 연대를 넘어서고 있다는 주장은 차고 넘칩니다. 천문학자들과 천체물리학자들은 우주의 나이를 대략 137억 년 정도로 추산하고 있습니다. 이 또한 이론적 계산과 실제 관측 결과를 통해서 확인한 것이지요.

과학이라는 헛소리

지적 설계론은 지적이지 않다

젊은 지구론과 젊은 우주론보다 더 자주, 그리고 많이 논란
을 만드는 창조과학의 주장은 바로 '지적 설계론'입니다. 처음 진
화론이 등장했을 때 이를 반대하는 논리는 성경이었습니다. 그러
나 많은 사람이 성경을 근거로 한 창조론을 믿지 않자 과학적 증
거를 통해 창조론을 옹호하기로 합니다. 그 후 창조과학으로도
제대로 설득이 되지 않자 나온 것이 지적 설계론intelligent design입
니다. 태초에 지적 '설계자designer'가 모든 생물을 창조했다는 거
지요. 이름도 이상한 '지적 설계'란 용어를 쓰게 된 것은 미 수정
헌법에서 정교분리의 원칙을 선언했기 때문입니다. '신'을 생명과
학 교과서에 쓸 수 없게 되자 꼼수를 부린 거지요.

시작은 조금 더 오래되었습니다. 19세기 초 영국의 윌리엄 페일리가 쓴 책『자연 신학: 자연의 모습으로부터 수집한 신의 속성 및 존재의 증거』가 그 시작입니다. 20세기 이후 지적 설계론의 효시는 미국의 법학자 필립 존슨이 1991년에 출판한『심판대의 다윈』이라 볼 수 있습니다. 그리고 1996년 미국의 마이클 비히가『다윈의 블랙 박스』를 출간하지요. 한국에선 2004년 지적설계연구회가 설립되어 활동하고 있습니다.

지적 설계론의 가장 핵심적인 문제는 말 그대로 지적 설계자 문제입니다. 우리가 탐구하는 대상, 즉 자연 혹은 우주가 우연적 존재인지 아니면 어느 존재에 의해서 창조된 것인지가 지적 설계론과 과학이 대립하는 지점입니다. 따라서 핵심은 '지적 설계자'를 증명할 수 있냐는 것입니다. 지적 설계론을 과학으로 받아들이기 위해선 바로 이 문제가 해결되어야 합니다. 그리고 그 증명은 '이렇게나 복잡한 기관'이 어떻게 우연히 만들어질 수 있느냐고 반문하는 것이 되어서는 안 됩니다. 증명은 만약 지적 설계자가 있다면, 그가 누구인지를 밝히는 것입니다. 그리고 그가 언제 어디서 어떤 원리로 무엇을 이용해서 설계했는지를 구

---

* 페일리는 그 책에서 "우리가 들판에서 시계를 보았다면, 목적에 대한 적합성은 그것이 지성의 산물이며 단순히 방향성이 없는 자연적 과정의 결과가 아님을 보증한다. 따라서 유기체에서의 목적에 대한 놀라운 적합성은, 전체 유기체의 수준에서든 여러 기관의 수준에서든 유기체가 지성의 산물임을 증명한다"고 주장합니다.

체적으로 밝히는 것입니다. 그리고 그 '지적 설계자'는 누가 설계했는가에 대해서도 답을 해야 합니다. 물론 이 질문의 어느 하나에 대해서도 '과학적으로' 제대로 대답하는 지적 설계론 지지자는 단 한 명도 없습니다.

다만 그들은 진화론을 공격할 뿐입니다. 진화론이 틀렸으니까 자신들이 맞다는 식이지요. 물론 진화론은 확고부동한 과학의 기본 원리이고 진화론이 수정되거나 폐기될 전망은 0에 수렴합니다만, 설혹 먼 미래에 진화론이 틀렸다고 판정 난들 그것이 어떻게 지적 설계론이 맞다는 주장이 될 수 있겠습니까? 수백 명이 살고 있는 아파트에 도둑이 들었습니다. 그중 A라는 사람이 도둑으로 판정이 났습니다. 그런데 한쪽에서 B가 도둑이라고 주장합니다. 그래서 왜 B냐고 하니 A가 도둑이 아니라서 B라고 하는 격입니다. 아니 B가 도둑이라는 걸 증명하라는데 자꾸 A가 도둑이 아니니 B라고만 하면 뭐라 하겠습니까?

조금 더 살펴봅시다. 지적 설계론자들이 가장 자주 들고 나오는 것이 '환원 불가능한 복잡성Irreducible Complexity'입니다. 생물학적 시스템은 너무 복잡하기 때문에 보다 단순한 시스템 또는 덜 복잡한 조상에서 자연 선택을 통하여 진화했다고 볼 수 없다는 것이지요. 이를 처음으로 주장한 사람은 생화학자 마이클 비히입니다. 그는 '기본적 기능을 하는 많은 구성 요소들이 상호작용하면서 어울려 구성되는 시스템'이 '환원 불가능한 복잡계'로 구성 요소 중 어느 하나라도 제거되면 시스템의 기능이 모두 정지하게 된다고 정의하였습니다.[14] 이후 지적설계론자들이 애용하는 개념이 되었지요.

그리고 그 예로 가장 유명한 것이 혈액응고 연쇄반응과 안구, 편모 등입니다. 이 또한 마이클 비히와 지지자들이 든 예입니다. 그중에서도 눈, 안구는 이들이 가장 즐겨 인용하는 예입니다. 사막을 걷다가 카메라를 발견하면 당연히 누군가가 떨어트린 것이라 생각하지 모래에서 카메라가 만들어졌다고 생각하지 않는다고 말이죠. 하지만 눈이 만들어지는 과정은 그들의 주장처럼 환원 불가능하지 않다는 것이 과학자들의 시뮬레이션으로 밝혀졌습니다. 스웨덴의 과학자들이 원시생물이 인간처럼 눈을 갖는 고등생명으로 진화하기 위해서는 어느 정도 시간이 필요한지 알아보기 위해 시뮬레이션 실험을 했는데 20~30만 년만에 가능했습니다.[15]

그뿐이 아닙니다. 눈의 발생은 한 번에 그치지 않습니다. 곤충이나 거미, 게, 지네와 같은 절지동물은 자기들끼리 독자적으로 진화하여 눈을 만들었습니다. 오징어나 문어 같은 두족류들도 자기들끼리 독자적으로 진화하여 눈을 만들었지요. 사람과 개, 개구리, 뱀, 물고기 같은 척추동물들도 독자적으로 눈을 만들었습니다. 이들 모두의 공통 조상은 눈이 없었지요. 즉 최소한 눈은 지구 생명의 진화과정에서 세 번 이상 독립적으로 발현한 것입니다. 지적 설계자가 없어도 눈은 오랜 시간과 수많은 개체, 그리고 변이를 포함한 진화를 통해 충분히 '우연하게' 만들어집니다.

실제로 2005년의 소송에서 비히는 환원 불가능한 복잡성에 대해 증언했습니다만 법원의 판단은 달랐습니다. "환원 불가능한 복잡성에 대한 비히 교수의 주장은 동료평가를 거친 연구논문들에 의해 반박되었으며 과학계에서 광범위하게 거부되고 있다."고 결론을 내린 것이지요.[16]

반대의 증거도 있습니다. 원래 진화라는 것은 누군가가 계획적으로 만든 게 아니라 여러 가지 변이가 발생하는 가운데 우연히 진행됩니다. 그러다 보니 굉장히 비효율적으로 구성된 생명 시스템도 꽤나 많이 있지요.

대표적인 것이 포유류의 눈입니다. 사람의 망막에는 빛을 감지하는 시세포들이 있습니다. 그리고 시세포에서 감지한 빛의 정보를 뇌로 알려주는 시신경이 있지요. 그런데 이 시신경이 시세포 뒤가 아니라 앞쪽으로 연결되어 있습니다. 신경이 앞을 가리니 시세포의 성능이 조금 낮지요. 더구나 시신경이 앞쪽으로 나와 있는데 뇌는 뒤쪽에 있으니 망막의 한 곳에 구멍을 뚫어 지나가야 합니다. 마치 에어컨을 생각하지 않고 지은 집에 에어컨을 다니 실외기와 연결을 위해 벽을 뚫거나 창을 깨야 하는 상황인거지요. 오징어나 문어는 시세포 뒤에 시신경이 있어서 포유류처럼 고민하지 않아도 되는데 말이지요. 눈만 그런 것도 아닙니다. 인간의 선조는 원래 네발로 걷는 동물이었습니다. 그 때 진화한 방광과 신장을 연결하는 수뇨관과 정소와 요도를 연결하는 정관이 직립보행을 하니 막 엉켜버린 겁니다. 애초에 설계를 잘 했으면 그럴 일이 없을 터인데 말이죠. 이런 예들은 수도 없이 많습니다. 지적 설계를 주장하는 분들이 이에 대해 내놓는 답은 "우는 어린애한테 무조건 사탕을 주지 않는 것처럼, 지적 설계자가 무조건 좋은 것만을 제공한다고 볼 수 없다."는 건데요… 답 치고는 참 안타깝지요.

노아의 홍수가 실제 사건?

창조과학과 지적설계를 지지하는 이들은 심지어 노아의 홍수도 실제로 있었다고 믿습니다. 홍수야 세계 전역에서 거의 매년 일어나는 일이고, 관개시설이 낙후되거나 거의 없었던 고대에는 더 빈번하게 일어났습니다. 그래서 메소포타미아의 길가메시 신화에서부터 다양한 지역의 여러 신화에 대홍수에 대한 이야기가 있지요. 성경에 나온 노아의 홍수 이야기도 마찬가지 맥락에서 이해할 수 있습니다. 자기가 사는 지역 밖으로 나가본 적 없는 이들에게 몇십 년에 한 번 올까말까 한 대홍수가 일어나면, 그야말로 세상 전체가 물에 잠긴 것처럼 느껴지고 그게 신화로 옮겨질 땐 온 세상이 물에 잠기는 대홍수로 신이 건방진 인간에게 징

벌을 내렸다고 써졌을 겁니다. 그런데 근본주의 기독교에선 이 홍수도 단 한 글자도 틀린 게 아니라고 믿습니다. 그래서 노아의 홍수가 진짜 있었고, 그때 세상이 완전히 물에 잠겼다고 주장하지요. 지구 전체가 1년여간 물에 잠겨있었고 당시 격변을 통해 지금의 지질학적 구조와 화석이 일시에 만들어졌다는 겁니다. 그리고 그때 쓸려나간 나무들이 묻혀서 지금의 석탄이 되었다는 주장입니다.

사실 이 노아의 홍수는 우리가 볼 땐 어이가 없는 이야기이긴 하지만 창조과학에서는 꽤 중요한 비중을 차지합니다. 앞서 살펴봤던 젊은 지구론이 성립하려면 지질학에서 말하는 지층구조나 화석 등 지구의 나이를 측정하는 중요한 도구에 대해 설명을 해야 하는데 이 노아의 홍수가 그 부분을 해결할 수 있다고 여기기 때문입니다.

노아의 홍수로 인한 격변설은 18~19세기 프랑스의 대표적인 동물학자이자 고생물학자인 조르주 퀴비에*가 처음 주장한 내용입니다. 당시 유럽에서는 고생물학과 지질학이 급속히 발전하고 있었습니다. 이 당시 지질학에서는 영국의 화성론과 프랑스의 수성론이** 서로 맞서고 있었지요. 그리고 고생물학이 발전

---

*   정식 이름은 장 레오폴 니콜라 프레데리크 퀴비에(Jean Léopold Nicolas Frédéric Cuvier)입니다.

**   모든 암석은 태초에 해양에서 퇴적된 퇴적암이라는 아브라함 고틀로프 베르너의 수성론과 화산활동에 의한 화강암이 기원이라는 제임스 허턴의 화성론이 대립되고 있었습니다.

하면서 진화론이 대두되기 시작했습니다. 아직 다윈이 나타나기 전이었지만 생물이 진화한다는 생각에는 찬성하는 과학자들이 늘고 있었지요. 이때 기독교의 입장에서 화석에 대해서, 그리고 멸종된 생물에 대해서 설명할 이론이 필요했습니다. 그리고 조르주 퀴비에가 노아의 홍수 때 멸종한 동물들이 화석으로 나타나고 있다고 주장한 것이지요. 그의 주장은 '천변지이설'이라고 합니다. 그러나 퀴비에의 이런 주장은 이후 지질학의 발달과정에서 오류로 판정이 납니다. 그런데 이미 폐기된 이론을 창조과학을 시작한 위트콤과 모리스가 다시 들고 나온 거지요. 18세기라면 아직 지질학도 고생물학도 그 기반이 잘 닦여진 상태가 아니었으니 그런 주장이 나올 법도 합니다만 20세기 들어 이런 주장을 태연히 한다는 건 역으로 이들이 지질학이나 고생물학을 진지하게 공부하지도 않고 자신의 주장을 펼치고 있다는 확신만 들게 할 뿐입니다.

지구 평면설

더 황당한 주장을 펼치는 이들도 있습니다. 지구가 둥근 공 모양이 아니라 평평한 원반 모양이란 주장을 하는 이들이지요. 이 사람들은 모두 모아 우주선에 태운 후 지상 한 6,000km 되는 지점에서 지구를 한 번 보라고 하고 싶어요. 물론 비용은 각자 계산하고요. 물론 우주에 나가서 공모양의 지구를 봐도 이건 NASA의 음모라고 할 사람들이긴 하겠습니다만.

지구가 둥글다는 건 고대 그리스 시대에도 지식인들 사이에 당연한 사실로 받아들여졌던 겁니다. 우리가 익히 그 이름을 들어 알고 있는 아리스토텔레스나 데모크리토스, 플라톤, 피타고라스 등이 그들이지요. 중국에서도 후한시절(서양에서는 로마시대 정도 될 때입니다) 하늘도 땅도 모두 둥글다는 혼천설이 나와서 기존의 지구 평면설인 개천설은 거의 사라지게 됩니다. 그리고 혼천설에 근거한 혼천의도 만들어지지요. 중세 유럽에서도 지구는 여전히 둥근 공이었습니다. 콜럼버스와 마젤란은 항해를 통해 이를 확고하게 증명했지요.

지구가 둥글다는 건 너무나도 많은 증거가 있기 때문에 따로 쓸 필요도 없을 정도입니다. 중학교 과학교과서에만도 여러 개가 나오지요. 별의 고도, 태양의 고도, 높은 곳에 오르면 더 멀리 볼 수 있는 사실, 배가 항구로 들어올 때 윗부분부터 보이는 것, 인공위성에서 바라본 지구 등등이 모두 교과서에 나옵니다. 그리고 아주 간단하게 비행기를 타고 하늘에 올라가서 보면 지구의 둥근 모양이 보입니다. 너무 확실한 거지요.

그런데 아직도! 지구 평면설을 주장하는 사람들이 있습니다. 이들이 더욱 신기한 것은 지구 평면설 주장론자들이 모여 만든 학회까지 있다는 겁니다. 사무엘 로버텀이란 19세기 사람이 시작인데요. 시작은 역시 성경 구절이었습니다. "그 뒤에 내가 보니 땅 네 모퉁이에 천사가 하나씩 서서 땅의 네 바람을 제지하여 땅에나 바다에나 어떤 나무에도 불지 못하게 하고 있었습니다."(요한계시록 7장 1절) 그리고 그의 주장을 이어가는 이들이 현재까지도 존재합니다. 물론 한국에서도요.

살펴보면 제대로 된 근거라고는 하나도 없는 것이 창조과학이긴 합니다. 그래서 사실 논박할 가치도 없는 거지요. 허나 문제는 앞서 말했듯이 일부 과학자들이 이 지적 설계론이나 창조과학을 '믿는다'는 것입니다. 그러니 일반인들이 보기에는 '과학자들 중에도 그걸 지지하는 사람들이 있으니 뭔가 타당성이 있는 게 아닐까?'라고 생각하기 쉽지요. 물론 대부분의 과학자는 이런 이론을 '과학'도 아니라고 생각하지만요. 이들은 대부분 지질학이나 생물학, 그중에서도 진화론과는 무관한 학문 분야에 종사하는 사람들입니다. 기계공학이나 전기전자, 혹은 물리학 또는 화학, 그리고 전산 분야 등이지요. 자신들의 전공분야가 아니라는 겁니다. '아니, 그래도 같은 과학을 하는 사람들인데'라고 생각할 수 있습니다.

저는 두 가지 지점을 말씀드리고 싶어요. 먼저 같은 과학인이라고 과학의 모든 부분에 대해 잘 알고 있지는 않다는 겁니다. 중고등학교 때 이공계면 누구나 배우는 기초 과학 지식과 대학 1학년 때 배우는 교양 과학 수준 이상은 대학에서도 대학원에서도 가르치지 않습니다. 따라서 박사 학위를 가지고 있다고 하더라도 다른 분야의 학문에 대해선 잘 모를 수밖에 없다는 겁니다. 따라서 자신의 분야가 아닌 타 분야에 대해 '전문가'처럼 말하면 안 된다는 거지요. 물론 전문가가 아니라도 누구나 의견을 가질 순 있습니다. 그러나 자신의 전문 분야도 아닌데 그 분야의 전문가인 양 발언을 하는 것은 타인을 호도하는 것이지요. 가령 언어학을 전공한 분이 프랑스 문학을 이야기할 수는 있지만, 자신이 프랑스 문학의 전문가라고 할 순 없죠. 또 정치학을 전공한 분이 경제에 대해 이야기할 때 전문가 행세를 해서도 안 될 것입니다.

물론 학위를 따로 받지 않아도 관심 분야에 대해 꾸준히 공부한 분은 학위를 가진 분처럼 전문적 견해를 가질 수 있습니다. 그렇다면 지적 설계나 창조과학을 주장하시기 위해선 자신의 전공 분야인 기계 엔지니어링이나 물리학이 아니라 생물학을 공부하고 그 결과물을 가지고 이야기해야 합니다. 그런데 이분들이 지적 설계론이나 창조과학을 이야기하면서 생물학에 대해 말씀하시는 걸 보면, 대학 1학년 교양 생물 정도를 배운 지식도 채 가지고 있지 못하는 경우가 많습니다. 자신의 분야에선 전문가일지 모르나 생물학도 제대로 공부하지 않고 이래선 안 되는 거지요.

두 번째는 과학 하는 자세의 문제입니다. 과학이란 자신의 신념을 어떤 일이 있어도 관철시키는 행위가 아닙니다. 과학은 어떠한 현상에 대해 개연성 있는 가설을 설정한 뒤, 관측이나 실험을 통해 가설의 정당성을 확인하는 과정입니다. 이때 관측과 실험이 가설과 다르다면, 가설을 바꿔야 하는 것이지요. 자신의 신념을 관철시키려고 있는 사실도 호도하고, 자신에게 유리한 증거만 선택적으로 받아들여선 안 됩니다. 무릇 과학자라면 누구나 이런 사실을 알 터입니다. 그런데 이분들은 자신의 전공도 아닌 분야에 대해 자신의 종교적 신념을 가지고 멋대로 타당하지 않은 가설을 진리인 양 이야기하고 있습니다. 해당 분야인 진화론, 지질학, 천문학은 짧게는 200년, 길게는 수천 년간 수많은 사람들이 치열하게 논쟁하고, 연구하며 만들어온 학문입니다. 그렇게 수많은 사람들의 고민과 노력으로 쌓아온 지식체계를 자신의 종교적 신념 때문에 멋대로 가위질하는 것은 과학에 대한, 그리고 열심히 원칙에 따라 과학 하는 이들에 대한 모독이라고 생각합니다.

체크리스트

창조과학과 진화론은 대등하게 경쟁하는 이론이다	✖
지적 설계자의 존재는 아무도 증명하지 못했다	⭕
우주의 나이는 대략 137억년이다	⭕

과학이라는 헛소리

8

알 수 없지만
알고 싶은

타인과 나를 알고 싶은 욕망

인류의 조상이 열대우림에서 영장류로 살던 몇백만 년 전부터 우리는 천적이 별로 없었습니다. 표범이나 곰, 사자, 호랑이 등이 위협적이긴 했지만 무리를 이루고 있는 인간을 공격하는 것이 아니라 무리로부터 떨어져 고립된 인간을 공격했을 뿐입니다. 따라서 우리 인간의 선조 때부터 우리에게 가장 중요한 것은 무리를 잘 이루고, 무리 내에서 자신의 역할과 위치를 인정받는 것이었습니다. 인간을 괜히 사회적 동물이라고 하는 것이 아닌 거지요. 이렇게 무리 속에서 살아가기 위해선 타인과의 소통이 중요합니다. 물론 인간이 이러한 진화론적 조건 때문에만 타인과 소통하는 건 아닐 겁니다. 사회가 만들어지면서 여러 가지 다른 층위의 이유들도 생겨났겠지요. 그 과정에서 우리는 타인과 나의 성격이나 장단점, 그리고 생각을 알길 원합니다. 그러나 그리 쉬운 건 아니지요. 속담에도 열 길 물속은 알아도, 한 길 사람 속은 모른다고 하지 않나요? 그래서 다른 이들의 말이나 행동거지를 보면서 그 사람에 대해 이해하려고 노력하고, 또 내 감정이나 성격이 왜 이런 형태로 나타나는지에 대해서 궁금해하기도 합니다.

그래서 우리는 뭔가 타인과 나의 성격, 감정, 태도, 재능을 구분할 수 있는 기준점을 은연중에 찾으려 합니다. 그 결과가 바로 혈액형별 성격이라든가 점성술, MBTI 같은 분류로 이어진 것이지요. 소음인, 소양인, 태양인, 태음인 같은 사상의학적 구분으로 나타나기도 합니다.

'아 나는 태어나길 소심하게 태어난 거군. 소심한 건 내 잘못이 아냐.' 혹은 '그래서 내가 덜렁대는군. 이미 내 성격은 덜렁대는 거야.' 뭐 이런 식으로 자기 위안을 삼는 거지요. 또는 더 나아가 '내가 사업에 실패한 건 내가 잘못해서가 아니라 조상이 험한 일을 당했기 때문이야', '내가 그녀와 이별한 건 그녀와 나의 상성이 서로 맞지 않아서야. 나는 소음인이고 그녀는 태음인이니 서로 맞지 않는 게 당연해'와 같이 생각하게 되는 것입니다.

물론 빠져나가기 힘든 나쁜 상황에서 그렇게 자기 위안을

과학이라는 헛소리

하는 것이 꼭 나쁜 것만은 아닙니다. 그러나 그 내용을 정말로 믿어버리면 곤란한 거지요. 더구나 그런 식으로 자신이나 타인을 더 잘 이해하고픈 욕구를 이용해 돈을 버는 이는 아주 나쁜 거고요. 타로점을 쳐주는 사람이 '이 타로는 재미로 보시는 겁니다. 이게 맞을 리 없는 건 보러온 여러분도 다 아시는 거지요? 그냥 좋은 게 나오면 희망을 좀 더 가지고, 나쁜 점이 나오면 신경 쓰지 않아도 됩니다.' 라고 한다면야 뭐 그리 죄가 되겠습니까만, '당신 둘은 상극이니 헤어지는 것이 좋겠어, 당신 사업을 한다면 종이를 다루는 사업을 해야 해. 당신 집에 액운이 있으니 굿을 한 번 해야겠어.' 라는 식이면 이건 사기에 해당하는 것입니다.

혈액형은 선택 문제

혈액형이 성격을 결정한다는 것도 마찬가지입니다. 사람에 따라 혈액형이 다르다는 건 20세기 초 오스트리아의 카를 란트슈타이너에 의해 밝혀졌습니다. 그는 ABO식 혈액형과 Rh식 혈액형 둘 다를 발견했지요. 사실 이건 굉장히 중요한 발견이었습니다. 여러 이유로 부상을 당하거나 수술을 하게 되면 환자의 피가 부족해서 수혈을 해야 하는데 이전까지는 수혈과정에서 사망하는 경우가 굉장히 많았습니다. 사실 복불복이었죠. 인류는 아주 초기부터 타인의 피를 수혈하면 부상자가 살아나거나 수술을 하는 데 도움이 된다는 사실을 알았지만 어떤 경우에는 수혈이 사망의 원인이 된다는 사실도 마찬가지로 알게 되었습니다. 왜 그런지는 몰랐지요. 그러나 란트슈타이너에 의해 혈액형은 여러 가지가 있고, 서로 같은 혈액형의 피를 수혈하면 안전하다는 걸 알게 되면서 수혈의 두려움이 사라지게 됩니다. 이후 연구를 통해 혈액형에 ABO식이나 Rh식 말고도 MNSs, Lewis Duffy, Kidd 등의 다양한 종류가 있다는 것을 알게 됩니다. 혈액형이라는 것 자체가 애초에 어떻게 하면 안전하게 수혈할 수 있는가를 고민하는 과정에서 밝혀진 거지요. 이는 사실 인체의 면역과정을 파악하는 것이기도 합니다. 적혈구의 세포막에 있는 여러 종류의 당단백질이 무엇인가에 의해 구분되는 것이지요.

그런데 이 혈액형이 사람의 성격을 구분하는 데 쓰이기 시작합니다. 시작은 독일이었습니다. 당시 독일은 다른 유럽국가처럼 우생학이 유행하고 있었지요. 그런데 혈액형이 발견되자 독일 하이델베르크 대학의 이멜 폰 둥게른 박사가 「혈액형의 인류학」이란 논문에서 혈액형에 따른 인종 우열 이론을 주장합니다. 게르만 민족의 피가 A형이고 그 반대쪽 B형은 아시아인에 존재한다고 주장했지요. 그래서 A형이 우수하고 B형은 뒤떨어졌는데, 아시아인은 B형이 많으니 뒤떨어진 인종이라는 거였습니다. 물론 말도 되지 않는 쓰레기 과학이지요.

그리고 이 시점에 독일에 유학을 간 일본인 의사 키마타 하라는 이런 영향을 받아 혈액형과 성격을 연결시키려는 논문을 발표합니다. 인종 대신 성격을 넣은 거지요. [17] 그 후 동경여자사범학교 강사였던 후루카와가 「혈액형에 의한 기질연구」라는 논문을 발표합니다. 1930~40년대 유행하던 혈액형이론은 2차 대전 이후 사그라졌습니다만, 1970년대에 다시 부활합니다. 그리고 우리나라로 넘어오지요.

도대체 적혈구에 붙어있는 당단백질이 어떻게 우리의 성격을 결정짓는 걸까요? 물론 아무도 이에 대해 이야기하지 않습니다. 진지하게 연구할 거리도 안 되고, 이걸 믿고 있는 이들도 과학적으로 증명되지 않을 거라는 걸 알기 때문이지요.

그럼에도 '내 주변 사람들을 보면 기가 막히게 잘 맞는데' 라는 분들이 있습니다. 일단 정말로 그럴 수도 있습니다. 이건 혈액형과 상관없이 확률의 문제일 뿐입니다. 우연이라는 거지요. 만약 곱슬머리면 성이 '김씨'라고 주장해봅시다. 우리는 곱슬머리가 김씨라는 성과 아무 관련이 없다는 걸 압니다. 하지만 실제 실험을 해보면 김씨라는 성이 한국 인구의 약 20% 정도를 차지하는 흔한 성이기 때문에 우연히 당신이 본 곱슬머리 3명이 연속으로 김씨일 수 있습니다. 완전히 우연이지요.

하지만 이런 이유만은 아니라는 것이 심리학자들의 분석입니다. 먼저 '선택적 지각'이라는 문제가 있습니다. 자기에게 의미 있는 정보나, 특정한 정보만 선택적으로 받아들이는 거지요.

과학이라는 헛소리

즉 혈액형별 성격이 다른 경우는 잊어버리고 맞는 것만 기억하게 되는 겁니다. 실제로 혈액형별 성격 유형을 주변 사람들에게 맞춰봤더니 맞는 결과가 반, 맞지 않는 결과가 반이면 많은 이들이 그것을 받아들일만 하다고 생각한다는 겁니다.

'확증 편향confirmation bias'도 있습니다. 원래 자신이 맞다고 생각하는 것을 확인하려는 경향이지요. '사람은 보고 싶은 것만 본다'라고 할 수 있습니다. 즉 혈액형별로 성격이 다를 거라고 생각하는 이들은 그에 해당하는 모습을 주로 찾게 된다는 겁니다. 예를 들어 A형인 사람을 만났는데 그가 대범해보인다고 합시다. 그러면 '그럴 리가 없는데⋯' 하면서 그의 행동이나 말을 유심히 살핍니다. 그러다 그가 소심하게 구는 모습을 목격하면 '그럼 그렇지!' 하는 거죠. 하지만 A형인 사람을 만났는데 처음부터 소심해보이면 굳이 대범한 모습을 따로 찾으려 하지 않습니다. 이렇게 사람을 관찰하게 되면 거의 모든 A형이 소심하다는 결론을 내릴 수밖에 없는 거지요.

또 하나로 바넘 효과Barnum effect가 있습니다. 누구에게나 해당되는 것을 보고 있는데 이를 자신만의 독특한 것으로 받아들이는 경향을 말합니다. 이런 현상은 '주관적 검증'으로 이어집니다. 두 개의 무관한 사건을 서로 관계가 있다고 생각하는 거지요. 혈액형이 A인 사람은 소심하다고 생각하는 경우와 같은 겁니다. '성격이 소심하다' 라는 건 대단히 주관적 판단인 경우가 대부분입니다. 누구에게나 소심한 측면과 대범한 측면이 있지요. 누구는 돈 쓰는 데는 소심해도 시간을 쓰는 데에는 대범할수 있고, 다른 이는 돈은 대범하게 쓰지만 시간을 쓰는 건 소심할 수 있습니다. 또 시간이나 돈은 신경 쓰지 않지만 인간관계에는 소심한 경우도 있습니다. 이렇듯 누구나 소심한 측면을 일정하게는 가지고 있는데 '당신 소심해' 라고 하면 자신이 소심하다고 인정하는 거지요. 누구나 소심한 측면이 있는데 자기가 유독소심하다고 생각하는 경향을 바로 바넘 효과라고 합니다. 거기다 '당신이 A형이라서 소심한 거야' 라고 하면 정말 그렇게 느껴질 것입니다. 이를 주관적 검증이라고 하는 거지요.

사실 이는 혈액형별 성격 유형만은 아닙니다. 애니어그램으로 하는 성격테스트, 손가락으로 보는 성격 테스트 등도 마찬가지입니다. 우연히 맞을 수도 있고, 또는 선택적 지각이나 확증 편향을 통해서, 아니면 바넘 효과를 통해서 맞다고 생각할 수도 있습니다. 그러나 앞서 살펴봤듯이 혈액형이든 뭐든 그런 것이 사람의 성격을 결정할 수없다는 건 당연한 사실입니다. 심리학에서 과학적으로사람의 성격을 테스트해보

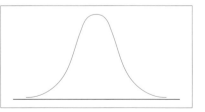

과학이라는 헛소리

면 대부분 앞의 그림과 같은 정규분포곡선을 그립니다. 왼쪽 끝이 극단적으로 소심하고 오른쪽 끝이 극단적으로 대범하다면 대부분의 사람은 중간 부근에 있다는 거지요. 양 끝을 개방적인 성격과 폐쇄적인 성격으로 놓아도 마찬가지입니다. 우리는 모두 개방적이면서 폐쇄적이고, 대범하면서 소심한 사람들입니다. 그 정도가 조금씩 다르고, 해당하는 분야가 다른 거지요.

이는 MBTI식 성격분석에서도 마찬가지입니다. 전형적인 ISTJ도 전형적인 ENTJ도 드뭅니다. 우리들 대부분은 네 가지 성격의 서로 다른 측면이 적당히 섞여 있을 뿐이지요.

미래를 알고 싶은 작은 욕망

　시간은 비가역적이어서 항상 과거에서 미래로만 흐릅니다. 이 흐름에서 제외될 수 있는 것은 아무것도 없지요. 따라서 우리는 닥쳐올 미래를 알 방법이 없습니다. 그럼에도 불구하고 우리는 미래를 알고 싶어합니다. 내가 지금 어떤 결정을 하는 것이 미래에 더 행복한 일일까를 미리 알고 싶은 것입니다. 그래서 누군가는 명리학을 배우고, 다른 이는 역학(易學)을 배웁니다. 타로점을 치기도 하고, 심심풀이로 화투점을 보기도 하지요.

　또한, 미래가 막막한 경우에는 오히려 이 막막한 미래가 나 때문이 아니란 걸 확인하고 싶기도 합니다. 내가 가진 흠결이 나의 잘못이 아니라 선천적인 것이라는, 그러므로 나에게는 죄가 없다는 사실을 확인하고 싶은 거지요. 그래서 막막한 미래가 누군가에 의해 이미 정해졌으니 어떡하겠냐며 인정하고 체념하고 싶기도 한 겁니다.

그래서 누군가가 '용한 무당이 있어', 혹은 '누가 타로를 기가 막히게 잘 한다더라', '명리학으로 풀면 네 미래가 다 보인대'라고 하면 귀가 솔깃할 수밖에 없지요. 더구나 그가 내 속을 귀신같이 알아맞히거나 내가 고민하는 문제에 속 시원한 해답을 주면 자꾸 믿고 싶어집니다.

그러나 단 한 가지 명확한 진실이 있다면 그것은 '누구도 앞날을 예측하지 못한다.'는 것입니다. 그 방법이 무엇이든지 말이지요. 명리학, 역학, 타로, 점성술, 무당, 예언자 그 누구도 마찬가지입니다. 특히 개개인의 미래는 더욱 그렇습니다. 우리는 확률적으로 확실하게 이야기할 수 있습니다. 로또를 사면 당신이 당첨될 확률은 벼락을 맞을 확률보다 적다고요. 우리가 살아생전 벼락 맞을 일은 거의 없는 것처럼 로또에 당첨될 일도 거의 없습니다. 그런데 누군가가 당신에게 번호를 몇 개 주고 이 번호대로 사면 로또에 당첨될 거라고 하면 당신은 믿을까요? 당신이 상식적인 한은 절대로 그럴 일은 없을 겁니다. 인터넷에 떠도는 숱한 로또 당첨의 비밀 또한 마찬가지입니다. 누구도 그런 방법으로 예언을 할 순 없습니다. 만약 내가 로또 당첨 번호를 안다면 내가 사지 왜 남에게 알려주겠습니까. 그러나 로또에 대해 확실하게 아는 것이 또 하나 있습니다. 매주 로또를 사는 이들이 있고, 그 중 누군가는 당첨이 된다는 사실이지요. 몇십만 분의 일의 확률입니다. 따라서 내가 매주 로또를 사는 일을 10년을 계속해도 내가 당첨될 확률은 거의 없지만, 매주 누군가가 당첨될 확률은 거의 100%에 가깝습니다.

이렇듯 통계와 확률은 큰 범위는 예측하기 쉬우나 범위를 좁힐수록 예측이 어려워지고 끝내는 예측이 불가능해진다는 것을 알려줍니다. 가령 몇십 년간의 통계 자료를 통해 서울시에서 매일 발생하는 교통사고의 평균 건수를 알 수 있습니다. 그럼 대략 올해 교통사고가 몇 건 정도 발생할지를 예측할 수 있지요. 이런 예측은 실제 결과와 크게 차이가 나지 않는 경우가 대부분입니다. 그러나 범위를 1년이 아니라 1달로 좁히거나 서울시에서 종로구로 좁히면 평균값과 다른 결과가 나올 확률이 좀 더 커집니다. 범위를 하루에 종로6가에서 일어날 교통사고로 좁히면 평균값과 다른 결과가 나올 확률은 더욱 커집니다.

마찬가지로 한 개인이 평생 교통사고를 당할 수 있는 확률은 '가령 당신이 서울에 살고 자동차로 30분 거리의 회사에 다니는 20대 남성이라면 앞으로 30년 동안 교통사고를 당할 평균값은 약 0.5회 입니다' 라는 식으로 비교적 정확하게 예측할 수 있지만, 2018년에 교통사고를 당할 수 있을지에 대해선 예측하기가 힘들지요. 더구나 이번 달에 교통사고를 당할지는 예측이 불가능에 가깝습니다. 우리는 어떠한 일이 일어날 확률만 알 수 있고, 그 일이 언제 일어날지에 대해선 모르는 세계에 살기 때문이지요.

다만 당신이 평소 과속을 하지 않고, 교통법규를 지킨다면 교통사고를 당할 수 있는 확률은 그에 비해 줄어든다는 것은 확실합니다. 당신이 열심히 공부를 하면 성적이 오를 확률이 높고, 다른 이들에게 성심껏 대해주면 당신을 좋아하는 이들이 늘어날 확률이 높습니다. 담배를 피우고 술을 많이 마시면 그렇지 않을 때보다 건강이 더 나빠질 확률도 높습니다.

우리가 사는 세상을 과학에서는 '복잡계'라고 합니다. 워낙 많은 변수들이 다양한 방법으로 얽혀있기 때문에 누구도 확률적인 결론 이상의 것을 내릴 수 없는 세상이지요. 그래서 당신은 '내가 이렇게나 열심히 했는데 왜 안 되는 거야' 라고 속상하고 실망할 수 있습니다. 혹은 '내가 대충 했는데도 운이 좋았네' 라며 기뻐할 수도 있습니다. 우리는 확률의 세계에 살고, 미래는 우연과 확률에 의해 결정되니까요. 그래도 우리가 열심히 살아야 하는 건 확률이 높은 쪽에 투자하는 것이 잘될 가능성이 높기 때문입니다.

그러나 확률이란 개인에게는 힘빠지는 일일 수도 있지만

사회 전체적으로는 행복 지수를 높일 수 있는 수단이기도 합니다. 우리가 이미 알고 있듯이 음주운전시에는 교통사고 발생률이 높습니다. 따라서 법률로 음주운전을 처벌하고, 단속하고, 계몽을 하면 '누군가'가 당할 음주운전으로 인한 교통사고를 확정적으로 피할 순 없지만 우리 사회의 전체적인 교통사고는 '당연히' 줄어들고 그 결과 불행해지지 않는 사람이 늘어납니다.

개인은 개인대로 자신이 행복할 수 있는 방법을 추구하고, 사회는 사회대로 '과학적으로' 더 행복할 수 있는 것이지요.

당신은 어느 별 아래 있나요?

    복잡한 도시에서 멀리 떨어진 한적한 곳에서 밤하늘을 올려다보면 무수히 많은 별들이 보입니다. 도시에서는 자주 보기 힘든 것이 별입니다만, 유난히 눈에 잘 들어오는 별 하나씩은 있기 마련이지요. 그런 별들은 뭔가 특별한 것 같은 기분이 듭니다. 옛 동양의 어떤 이들은 삼태성이나 북두칠성을 보며 특별함을 느꼈을 것이고, 그리스인들은 오리온을 바라보며, 이집트인들은 시리우스를 바라보았지요. 사실 별의 이름이 무슨 소용이 있겠어요. 사람이 붙인 이름일 뿐인데요. 이름 없는 별이면 또 어떻습니까. 무수한 별 중 하나를 자신의 마음에 담아 둔다는 건 참 멋진 일입니다. 그러나 딱 거기까지입니다.

우리는 과연 어느 별 아래에서 태어났을까요? 처녀자리 아래에서 태어났다고요? 그러면 당신이 태어날 때 하늘에는 처녀자리만 있었을까요? 목동자리와 사자자리도 같은 밤하늘에 빛나고 있었습니다. 그뿐만이 아닙니다. 지구는 하루에 한 번 자전하는데 그 과정에서 우주의 모든 별을 자신의 머리 위에 두게 됩니다. 다만 태양을 바라보는 반나절 동안은 햇빛에 가려 별을 보질 못했을 뿐입니다. 그러나 낮 동안 당신의 머리 위에 있었을 오리온자리와 큰개자리 작은개자리의 별들은 온전히 당신에게 별빛을 보냈습니다. 우리는 매일 우주의 모든 별이 보낸 빛을 온몸으로 받으며 사는 거지요. 얼마나 황홀한 일인가요? 그런데 그 중 어느 별자리 하나를 콕 집어서 나의 탄생 별자리로 하는 건 나머지 별들에게 조금 미안한 일일 수도 있지 않을까 생각합니다. 그 수많은 별들 중 어느 별을 선택할지를 당신이 아닌 다른 누군가가 이미 정해놨다면 아쉬운 일이 아닐 수 없습니다.

별자리는 지구에서 본 우주입니다. 예를 들어봅시다. 북두칠성을 이루는 별은 총 일곱 개입니다. 그중 두베Dubhe는 지구에서 124광년 떨어진 곳에 있고, 메그레즈Megrez는 58광년 떨어진 곳에 있습니다. 두 별 사이의 거리는 66광년으로 지구에서 메그레즈 사이의 거리보다도 더 먼 곳에 있습니다. 북두칠성을 이루는 별들 중 가장 가까운 거리가 메라크Merak와 미자르Mizar로 서로 1광년 정도 떨어져 있습니다. 더구나 미자르는 하나의 별이 아니라 4개의 별이 모여 있는 것이기도 합니다. 이들 사이에 대체 어떤 연관 관계가 있어 나의 운명을 좌우한다는 걸까요? 이들 사이의 연관성은 단지 지구에서 보았을 때 같은 방향에 있다는 것뿐인데 말입니다. 마치 내가 사는 동네에서 보니 남산의 서울타워랑 서울시립대 부근의 배봉산이 같은 방향에 있다고 둘을 하나로 묶는 것과 무슨 차이가 있을까요? 내가 만약 홍대에 살았다면 서강대의 노고산과 남산을 묶어버렸을 터인데 말이죠. 더구나 이렇게 같은 방향으로 묶는 것조차 시간이 지나면 바뀝니다. 지구가 속한 태양계 자체가 우리 은하를 공전하기 때문입니다. 따라서 몇백 년이 지나면 별자리는 그 모양이 바뀔 수밖에 없는 것입니다.

이뿐만이 아닙니다. 우리는 시간에 따라 별자리를 정합니다. 몇 월 며칠에 태어났느냐에 따라 자신의 별자리가 정해지는 거지요. 그런데 이 또한 바뀝니다. 우리의 1년은 100년 전의 1년보다 길고, 200년 전의 1년보다는 더 깁니다. 지구의 공전 속도가 매년 아주 조금씩 느려지기 때문이지요. 그리고 옛날에는 지금처럼 1년을 정확하게 측정하지 못했기 때문에 지역에 따라 그리고 시기에 따라 1년이 달랐습니다. 지금 우리가 택하고 있는 달력은 그레고리우스력인데 그 이전에는 율리우스력을 따랐지요. 로마 시대 이전에는 또 달랐습니다. 그런데 점성술은 고대 메소포타미아에서 시작되어 이집트를 지나 고대 그리스와 로마 시대에 구체화되었습니다. 고대 점성학의 가장 중요한 책인『테트라비블로스Tetrabiblos』는 그리스의 천문학자이자 점성술사인 프톨레마이오스가 쓴 책이었습니다. 그때와 지금은 여러 가지 측면에서 별자리의 모습이 다릅니다. 그런데 과연 그 시대의 점성술이 현재까지 효력을 발휘할 수 있을까요?

문제는 또 있습니다. 지금의 점성술은 먼 옛날 눈으로 보이던 별들을 가지고 이루어진 것입니다. 그러나 이제 우리는 별들이 우리의 눈에 보이는 것보다 훨씬 더 많다는 것을 압니다. 몇천 개의 별만을 가지고 연구하던 점성술입니다. 하지만 이제 우리는 우주에 1,000억의 1,000억 배가 넘는 별들이 있는 걸 압니다. 고작 눈에 보이는 별 몇십 개, 몇백 개로 구성된 점성술이 과연 타당성이 있을까요? 더구나 점성술은 천동설과 뗄래야 뗄 수가 없는 사이입니다. 고대에서 중세, 르네상스 초기에 이르기까지 점성술사와 천문학자는 같은 사람이었기 때문입니다. 그리고 그들은 지구가 우주의 중심이고 모든 천체는 지구를 중심으로 돈다고 생각하는 사람들이었습니다. 여러분은 이미 지구가 태양을 중심으로 돈다는 걸 아시잖아요, 그런데 지구가 우주의 중심이라는 생각에서 만들어진 점성술이 과연 타당한 걸까요?

과학이라는 헛소리

점성술에서 또 하나의 주요한 대상은 행성입니다. 그런데 점성술의 행성들은 사실 옛날 사람들이 맨 눈으로 봤을 때 관측 가능했던 수성과 금성, 화성, 목성, 토성만을 대상으로 합니다. 하지만 이제 우리는 그 외에도 천왕성, 해왕성이 더 있는 걸 압니다. 우리가 망원경으로 천왕성과 해왕성을 발견한 그 순간 점성술의 한 축은 이미 완전히 무너진 것이나 마찬가지지요. 또 행성의 운행에 대한 것도 마찬가지입니다. 지구가 우주의 중심이라고 생각했을 때는 행성들이 서에서 동으로 돌다가 동에서 서로 역행하는 현상이 대단히 신기하고 깊은 뜻을 가진다고 여길 만도 했습니다. 그러나 이제 태양을 중심으로 타원 운동을 한다는 사실을 다 알고 있는데, 행성의 역행을 설명하는 점성술은 또 다 무어란 말입니까.

사실 점성술의 요체는 지구중심주의입니다. 온 우주의 기운이 우리에게 쏟아진다는 것은, 결국 우주가 지구를 위해 존재한다는 생각이 전제에 깔려있는 거지요. 그러나 이제 우리는 지구가 우주의 한 변방에 있다는 걸 압니다. 왜 굳이 변방의 지구에게 그 수많은 별들이 자신의 기운을 나눠주겠어요. 누군가는 "열심히 바라면 온 우주의 기운이 너의 소원을 들어준다"고 했지만, 우주가 우리 인간을 위해 존재한다는 허망한 생각과는 이제 작별을 고해야 합니다.

우리 인생이 항상 쉽지만은 않고, 앞길이 막막한 때도 또 많습니다. 뭔가에 의지하고 싶어지는 건 당연한 일입니다. 점성술이든 타로카드든 하다못해 화투로 점을 떼든 잠시 그로 위안을 삼는 것이 뭐 큰 문제겠습니까. 다만 그 일들이 실제로 우리의 운명을 알려주지 못한다는 건 분명히 알고 있어야겠지요. 그래도 미래를 알면 얼마나 좋을까 하는 생각은 늘 그럴듯 하게 되지요.

○✗ 체크리스트

혈액형은 성격에 영향을 미친다	✗
통계와 확률은 큰 범위를 예측하는 데에 효과적이다	O
옛날과 지금은 별자리가 다르다	O
한 별자리의 별은 모두 모여 있다	✗

과학이라는 헛소리

에필로그

유사과학과
과학에 대한 단상

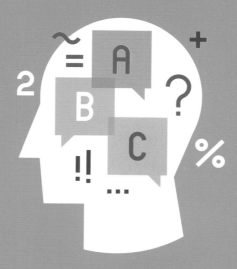

유사과학이 '의도적'으로 탄생하는 과정

1. 어느 산골에 신묘한 힘을 가진 물이 있다고 합니다. 아픈 어미를 둔 딸이 굽이굽이 긴 길을 올라 샘에 도착합니다. 샘을 지키는 이에게 몇 달을 모은 돈을 주곤 한 방울씩 솟아나는 물을 병에 조심스레 담습니다. 집에 와서 와병 중인 어머니에게 물을 드립니다. 한 방울이라도 흘릴까 조심스레 말이지요.

그러나 어머니는 차도가 없습니다. 딸은 다시 산을 올라가 샘지기에게 항의를 합니다. 그는 답하지요. '이 물은 믿음으로 마셔야 합니다. 어머님께서 믿음이 부족해서 낫지 않은 것입니다. 믿는 마음 한구석에 혹시라도 낫지 않으면 어떻게 하나란 마음이 있었을 것입니다.'

과학이라는 헛소리

실제 그 물을 마시고 나았다고 간증하는 사람도 있습니다. 물론 낫지 못한 사람도 있지요. 이 샘물은 정말 기적의 물일까요? 전제 조건은 '온전한 믿음을 가질 것'입니다. 제가 생각하기에 샘지기는 자신의 말을 '정말로' 믿고 있을 수도 있고, 아니면 '사기를' 치고 있을 수도 있습니다. 그러나 불행하게도 우리는 그 물이 정말 '그런 전제 조건 아래' 사람을 낫게 하는지 확인할 수 없습니다. 그 물의 효능은 '그런 전제 조건' 아래에서 과학적으로 증명이 되질 않습니다. 낫지 않은 이에겐 '믿음이 부족해서'라고 하면 최소한 현재의 과학 수준에선 우리가 그걸 확인할 수 없기 때문이지요. 반대로 나은 사람도 '온전한 믿음을 가졌기 때문'인지 아니면 다른 이유가 있는지도 확인할 수 없습니다. 그래서 그 물을 마시고 내가 나을 수 있는지 없는지를 알 수 없게 됩니다.

과학은 확인 가능한 사실만을 다룹니다. 실험이나 측정 결과가 틀리다고 혹은 맞았다고 판단할 수 있는 것이 과학의 영역입니다. 따라서 위와 같은 상황은 과학적으로 무의미한 일입니다. 차라리 물의 어떤 성분 때문에 낫는다고 하면 그건 확인 가능하겠지요.

유사과학이 탄생하는 첫 번째 이유입니다. 하지만 우리는 그 샘물을 마신 사람들을 조사해서 몇 가지를 알 수 있습니다. 그 물을 마신 사람 중 증세가 호전된 이는 얼마나 되고, 악화된

이는 얼마나 되는지 통계를 낼 수 있지요. 또 그 물을 마시지 않고 병원에서 치료받은 이들 중에선 얼마나 호전이 되고 악화되었는지도 통계를 내볼 수 있습니다. 그리고 그런 통계는 거의 99% 이상 병원에 다니는 편이 낫다고 말해줍니다. 하지만 이렇게 꼼꼼히 살피지 않으면 샘물의 거짓말에 당할 수밖에 없습니다. 저런 논리는 그 자체로는 반박할 수 없기 때문이지요. 저 샘물에 해당하는 것은 이미 책의 앞쪽에서 열거했습니다.

2. '손가락이 가늘고 길면 예술가적 기질이 높다'는 확신을 가지고 있는 사람이 있습니다. 이 사람은 자신의 확신을 증명하기 위해 예술가들을 찾아갑니다. 한 20명쯤 만나서 손가락을 확인했습니다. 그랬더니 그중 13명이 손가락이 가늘고 길었습니다. 가늘고 긴 사람이 굵고 짧은 이들의 두 배쯤 되니 이제 이 사람의 확신은 증명이 된 걸까요?

물론 이 사람은 손가락이 가늘고 긴 것과 예술가적 기질 사이에 어떠한 내적 연관 관계가 있는지는 잘 모릅니다. 그래도 그 자체가 문제가 되지는 않습니다. 모든 과학이 내적 연관 관계를 다 알고 시작하는 건 아니니까요. 물론 그것까지 알면 좋겠지만요. 하지만 손가락과 예술의 관련성에 대해 이런 정도로 소홀하게 조사하는 건 문제가 있습니다.

먼저 가늘다와 길다는 것은 주관적입니다. 손가락의 굵기와 길이를 정확하게 측정할 필요가 있습니다. 그리고 예술을 하는 이들과 하지 않는 이들의 비율을 비교할 수 있어야 합니다. 예술을 하지 않는 이들의 손가락 길이의 평균과 예술을 하는 이들의 길이의 평균을 비교해야 하고, 굵기 또한 마찬가지입니다. 그리고 산포도를 확인해야 합니다. 즉 평균만 비교하는 것이 아니라 각각의 길이와 굵기가 넓게 퍼져있는지, 아니면 일정한 구간에 밀집해있는지를 확인해봐야 합니다. 그래야 둘 사이의 상관관계를 정확히 파악할 수 있지요.

이 정도로 만족할 수 있을까요? 아닙니다. 혹시 대학에서 예술 전공 학생을 뽑을 때 손가락이 길고 가는 사람이 유리한 실기 시험이 있을지도 모르지요. 그도 확인해봐야 합니다. 만약 그렇다면 손가락의 모양새는 예술보다는 대학입시에만 유리한 것이 되니까요. 좀 더 정확하려면 예술 분야에 따라 따로 표본집단을 만들어야겠지요. 미술, 문학, 무용, 음악 등 분야별로도 체크를 해야 할 것입니다. 다른 분야는 그저 그런데 무용에서 압도적으로 손가락이 길고 가는 이들이 많다면 전체 평균을 올릴 수 있으니까요. 가능하다면 종족적 특징일 수도 있으니 외국과의 비교도 가능하면 좋겠습니다. 또한, 남녀별 차이도 확인해야 합니다. 남성에 비해 여성의 손가락이 상대적으로 더 가늘고 긴

데, 예술 하는 사람 중 여성의 비율이 높다면 자연스럽게 평균이 더 길고 가늘어질 수 있습니다. 또 가정의 소득 수준에 따른 것일 수도 있습니다. 예술을 하는 이들의 부모가 비교적 부유할 가능성이 높은데, 소득 수준에 따라 손가락의 굵기와 가늘기가 결정될 수 있다면 이 또한 확인해야겠지요.

어떤 두 현상 사이의 관계를 과학적으로 확인한다는 것은 이렇게나 귀찮고 힘든 일입니다. 비용도 많이 들지요. 그래서 자신의 확신을 이렇게 과학적으로 검증하는 대신 주변의 아는 사람 몇몇을 통해 대충 확인하고는 자신에 차서 말하는 사람들이 꽤 많습니다. 그리고 누군가 문제제기를 하면 그러죠. '내가 다 알아봤어. 내 주변은 다 그렇던데' 혹은 '일반인 100명을 대상으로 확인해본 결과 사실로 밝혀졌습니다.'

유사과학이 탄생하는 두 번째 이유입니다. 하지만 저런 통계를 내봄으로써 앞서의 확신이 실제와 얼마나 동떨어졌는지를 알 수 있습니다.

3. 조금 더 질이 나쁜 경우도 있습니다. A라는 유전적 특징을 가진 사람들이 있다고 칩시다. A라는 특징을 가지지 않은 사람은 한 도시의 전체 인구 중 99%를 차지하고 A특징을 가진 사람들은 1% 정도를 차지합니다. 소수지요. 어떤 이가 두 집단의

범죄 발생률을 조사합니다. 조사 결과 A집단의 범죄율은 일반인들보다 60%나 더 높았습니다.

이 결과를 본 어떤 사람은 이를 토대로 A특징을 가진 사람들이 범죄율이 일반인보다 훨씬 높으니 정부에서 특별히 관리감독해야 한다고 발표합니다. 일부 언론이 대서특필하고, 정치인들 중 일부가 동조해서 특별입법을 해야 한다고 목소리를 높입니다.

그런데 한 과학자가 의문을 가지고 데이터를 자세히 살펴봅니다. 데이터에는 일반인은 평균 1,000명 중 5명이 범죄를 저지른 것으로 나타났고, A집단은 1,000명 중 8명이 범죄를 저지른 것으로 드러났습니다. 즉 두 집단의 범죄 발생률은 0.5%와 0.8%였습니다. 이게 의미 있는 결과일까요? 고작 3명 더 범죄를 저지른다고 1,000명을 감시하고 관리해야 한다는 게 옳은 일일까요?

그런데 실제로 이런 식으로 통계를 악용하고, 왜곡하여 자신들에게 유리한 방향으로 이용하는 이들이 있어서 과학의 탈을 쓴 혐오가 나타납니다. 저 A에는 피부색이 들어갈 수도 있고, 성적 지향성이 들어갈 수도 있고, 지역이 들어갈 수도 있습니다. 종족이 들어갈 수도 있고, 종교가 들어갈 수도 있습니다.

이런 통계의 왜곡에는 원인과 결과를 뒤바꾸는 방법도 동원됩니다. 1970~80년대에 걸쳐 우리나라의 독재정권은 전라도 출신들을 차별합니다. 정부 공무원이 되기도 힘들고, 군대나 기업도 마찬가지였지요. 그래서 수도권의 전라도 출신들의 경우 사투리를 잘 쓰지 않고 자기 출신지역을 밝히지 않는 경우가 많았습니다. 반대로 영남의 경우 그런 차별이 없고 오히려 우대를 받는 경우도 있으니 사투리를 쓰지 않을 까닭도 없고, 지역을 숨길 이유도 없었지요. 그런데 이렇게 사투리도 쓰지 않고 지역을 숨기니 음험하다고 그래서 전라도 출신을 믿을 수 없다고 이야기하는 사람들이 많았지요. 차별이 원인이고 사투리를 쓰지 않고 지역을 숨기는 것이 그 결과인데, 반대로 사투리를 쓰지 않고 지역을 숨긴다는 것이 차별하는 꼬투리가 된 거지요. 또 흑인이나 아시아인에 대해 보였던 미국 백인들의 모습도 마찬가지지요. 인종 차별에 의해 교육에서도 소외되고 좋은 직장을 다니기 힘들다 보니 자연스레 소득 수준이 낮아집니다. 소득 수준이 낮으니 할렘가 같은 집세가 싼 곳에 모여 살게 됩니다. 또 실업률도 높을 수밖에 없지요. 그래놓고는 이제 할렘가의 흑인과 아시안들이 범죄율이 높다고, 이들을 범법자 취급을 합니다. 그러곤 흑인과 아시안에 대해 원래 그런 인종이라서 범죄율이 높고 게을러서 실업율이 높다고 차별의 이유를 갖다 붙이는 거지요.

유사과학이 만들어지는 세 번째 이유입니다. 의도적이고 잔인한 왜곡이지요.

과학이라는 헛소리

4. 미국의 어느 시골 중학생 한 명이 동급생들에게 서명을 받습니다. 일산화이수소dihydrogen monoxide라는 물질이 있는데 아주 위험한 물질이니 사용을 규제하고 엄격히 관리해달라고 지방 정부에 청원하는 문서였지요. 그 문서에 따르면 이 물질은 다음과 같은 위험성을 가지고 있습니다.

* 부식성이 강해서 대부분의 금속을 비롯한 많은 물질을 부식시킨다.
* 기체 상태의 일산화이수소에 노출되면 화상을 입을 수 있고, 고체 상태의 일산화이수소에 노출되어도 피부 손상을 입을 수 있다. 액체 상태의 일산화이수소에 장시간 피부가 노출될 경우 피부 박리 등 영구적 피부손상을 입을 수 있다.
* 허용량 이상을 섭취하면 두통, 경련, 의식불명의 증세가 나타나고, 치사량 이상을 먹으면 사망한다.
* 기관지에 흡수되면 강한 기침과 인후통을 유발하고, 다량 흡수되면 폐에 손상을 입고 사망할 수 있다.
* 일산화이수소는 아황산가스, 이산화질소 등과 반응하며 산성비의 원인이 된다.
* 이 물질은 화학합성 물질을 포함한 음식료품에 다량 함유되어 있으므로 주의해야 한다.

＊ 그럼에도 불구하고 일반인들은 이 물질에 대해 아무런 제한 없이 접촉할 수 있다.

굉장히 위험한 물질이지요? 이 물질의 정체는 과연 무엇일까요? 명칭 그대로 일산화이수소니 산소 원자 한 개와 수소 원자 두 개로 이루어진 물질입니다. 네, 물H_2O이죠. 물이 정말로 저렇게 위험하냐고요? 저 사항들에 대해 꼼꼼히 살펴보죠.

＊ 부식성이 강해서 대부분의 금속을 비롯한 많은 물질을 부식시킨다.

그래서 우리는 금속이 물에 닿지 않도록 방수도료를 칠하거나 기름피막을 입히고, 녹이 슬지 않는 스테인레스강을 개발했습니다.

＊ 기체 상태의 일산화이수소에 노출되면 화상을 입을 수 있고, 고체 상태의 일산화이수소에 노출되어도 피부 손상을 입을 수 있다. 액체 상태의 일산화이수소에 장시간 피부가 노출될 경우 피부 박리 등 영구적 피부손상을 입을 수 있다.

'고온'의 수증기에는 화상을, 얼음을 '장시간' 마주하면 동상을 입고, 물속에 너무 오래 있으면 피부 박리가 일어나지요.

과학이라는 헛소리

* 허용량 이상을 섭취하면 두통, 경련, 의식불명의 증세가 나타나고, 치사량 이상을 먹으면 사망한다.

얼마 전 개봉한 영화 〈1987〉에서 박종철 씨가 죽임을 당한 이유가 바로 물고문 때문이었습니다. 또 여름철에 땀을 많이 흘렸을 때 갈증으로 물을 계속 마시면 체내 무기염류 농도가 낮아져 위험할 수 있습니다.

* 기관지에 흡수되면 강한 기침과 인후통을 유발하고, 다량 흡수되면 폐에 손상을 입고 사망할 수 있다.

보통 사레가 들렸다고들 하지요. 또 물이 기도로 다량 들어가면 익사하게 됩니다.

* 일산화이수소는 아황산가스, 이산화질소 등과 반응하며 산성비의 원인이 된다.

그렇지요, 비에 이런 물질들이 녹아서 산성비가 됩니다.

* 이 물질은 화학합성 물질을 포함한 음식료품에 다량 함유되어 있으므로 주의해야 한다.

음식 중 물이 포함되지 않은 것은 소금이나 설탕 정도 빼고는 없지요.

그렇습니다. 우리는 항상 물의 위험에 노출되어 있습니다.

이 문서를 본 중학생 50명 중 찬성이 43명이었습니다. 물이
라고 눈치챈 친구는 한 명이었다는군요. 아직 어린 중학생이라
서 그럴 수 있지 않느냐고 생각하실지 모르지만 사실 대부분의
성인은 중학교 2~3학년 수준의 과학지식을 가지고 있습니다.
그래서 제가 출판사와 대중용 과학책을 쓰기 위한 협의를 할 때
도 최소한 중학교 3학년이 이해할 수 있도록 써야 한다는 사실
을 서로 강조하지요.

이 중학생은 장난을 친 것이지만 실제로 이와 비슷하게 우
리가 쉽게 접하는 물질에 대해 위험성을 강조하는 기업이나 사람
들이 있습니다. 공포 마케팅이지요. 대부분 일상생활에서 필요
한 수칙을 지키기만 하면 거의 피해가 없는데 말입니다. 반대로
평소 건강한 식습관을 가지고 있으면 충분한 양을 이미 섭취하고
있는 물질에 대해서도 캡슐이나 알약 등 정제로 만들어선 이걸
먹지 않으면 건강에 큰 문제라도 생길 듯이 말하기도 합니다.

교묘하게 과학의 탈을 쓰고 접촉하는 기업의 비윤리적인
모습에서 유사과학의 네 번째 이유가 드러납니다.

과학이라는 헛소리

5. 물론 이외에도 유사과학이 만들어지는 과정은 다양합니다. 과학 연구를 하다가 자신의 가설에 너무 확신을 가진 나머지 실험결과를 가설에 맞춰 짜맞추는 경우도 있고, 종교적 신념이 오도되어 말도 안 되는 이야기를 강변하기도 합니다. 혹은 민간요법으로 내려오던 것이 그 생명력을 유지하는 경우도 있고, 속설이 대를 이어 살아나기도 합니다. 이 글을 쓰고 있는 저도 아마 잘못된 과학지식을 가지고 강변하는 경우도 있을 수 있고, 누군가의 그럴듯한 이야기에 속아 넘어갈 수도 있습니다. 아마 세상이 끝나는 날까지 우리의 주변엔 여전히 유사과학이 흘러넘치겠지요.

"선풍기를 틀고 자면 죽는다."는 다소 애교스런, 그리고 크게 해롭지 않은 속설이야 무슨 죄가 있겠습니까? 그러나 누군가가 의도적으로 타인에게 해를 끼치면서까지 자신과 자신이 속한 집단의 이익을 위해 과학의 탈을 쓰고 대중을 속이는 일은 철저히 파헤쳐져야 할 것입니다.

과학한다는 것은 어떤 것일까

　케플러는 행성들이 타원궤도를 돈다는 사실을 밝혀낸 천문학자로 유명한 사람입니다. 그런데 저는 또 다른 의미에서 케플러를 과학사에 한 획을 그은 이로 기억합니다. 그는 원래 수학자였습니다. 그리고 그 시절의 수학자들이 많이들 그랬듯이 신플라톤주의에 경도되어 있었지요. 그는 연구 초기에 태양계에 행성이 6개밖에 없는 이유를 정다면체를 통해 설명하기도 했을 정도입니다(플라톤주의는 기하학을 상당히 중요하게 생각합니다). 그에 따르면 수성에 외접하는 정다면체가 있고, 그 정다면체에 외접하는 금성이 있으며, 그 금성에 외접하는 정다면체와 그에 외접하는 지구 등등으로 설명했지요. 정다면체는 다섯 개밖에 없으니 그

　　　　　　　　　　　　　　과학이라는 헛소리

에 내접하거나 외접하는 행성은 여섯 개일 수밖에 없다는 것이 그의 주장이었습니다.

이렇게 기하학적으로 이상적인 구조를 가지는 우주를 생각하던 그였기에 행성들의 궤도는 당연히 원일 수밖에 없었습니다. 플라톤이 우주의 모든 천체는 완전한 원운동만 한다고 했거든요. 그런데 그가 신뢰하는 관측천문학자인 튀코 브라헤가 평생에 걸쳐 관측한 자료를 보니 화성이나 목성의 궤도가 원이 아닌 겁니다. 튀코는 당시 최고의 관측천문학자였고, 그런 그가 한두 번도 아니고 수십 년에 걸쳐 관측한 자료이니 자료가 틀렸을 리는 없는 거지요.

케플러는 천체는 원운동을 한다는 자신의 신념과, 관측 자료가 보여주는 실제 모습 사이에서 엄청난 갈등을 합니다. 그리곤 마침내 행성들은 타원운동을 한다는 결론을 내리고 발표하지요. 과학은 바로 이렇게 하는 것입니다. 자신이 아무리 굳게 믿고 있는 신념 혹은 가설이 있다고 하더라도, 관측이나 실험을 통해서 확인한 사실과 다르다면, 미련 없이 자신의 가설을 다시 점검하고, 수정하기를 서슴지 않는 것이죠.

범죄 수사를 예로 들어봅시다. 예전에도 살인 사건이 일어나면 일련의 수사가 있었습니다. 알리바이를 확인하고 살인의 목적을 파악하는 것이 주된 것이고, 거기에 범행도구를 확보할 수 있으면 금상첨화였습니다. 기술이 발달하지 않았던 시기의 수사관들은 주로 알리바이와 목적을 위주로 수사를 했지요. 그 사람이 죽어서 이득을 볼 사람이 누구인지, 그리고 용의자의 알리바이가 확실한지를 조사했습니다. 그리고 수사 방법으로 가장 많이 쓰였던 건 고문이었습니다. 일단 알리바이가 불확실하고 (불확실하다는 것이 용의자가 범죄현장에 있었다는 증거가 되진 않습니다만) 동기가 충분하면 자백을 이끌어낼 수 있었습니다. 그래서 우리가 사극에서 자주 보는 것처럼 '네 죄를 네가 알렸다!' 하며 주리를 틀어대며 자백하기를 강요했지요. 그럼 용의자는 '소인은 억울하옵니다.' 라며 울부짖다가 매에는 장사가 없다고 자백을 하고 맙니다.

물론 이런 방법으로도 진범이 잡히긴 합니다만 억울한 사람이 없었을까요? 당연히 억울한 사람이 한둘이 아니었을 터입니다. 그래서 현대에선 증거우선주의를 택하고, 확실하게 범인임을 입증하지 못하면 무죄를 선고합니다. 이제 우리는 '내가 무죄라는 것을 용의자가 증명'하던 시대를 지나 '용의자가 유죄라는 것을 수사관이 증명'하는 시대를 살고 있는 것입니다.

이러한 방법론의 전환은 과학에서도 마찬가지입니다. 본디 서양과학의 발상지인 고대 그리스의 경우 추론의 힘을 중요하게 생각했으며, 이에 대한 증거를 확보하는 것에는 크게 관심이 없었습니다. 우리를 둘러싼 자연 현상을 누가 더 잘 설명하느냐가 가장 중요했기 때문입니다. 이런 전통은 중세를 거쳐 르네상스 초기까지 이어집니다. 과학자들은 실험을 통해 자신의 가설을 증명하려는 생각 자체를 하지 않았습니다. 자연 현상을 설명하는 이론을 부자연스러운 실험 환경에서 증명한다는 것이 이치에 맞지 않다고 여긴 것이지요.

그러나 과학이 발달하면서 증명이 점차 중요해졌고, 실험과 관측을 통해 이를 확보하려는 경향이 나타나기 시작합니다. 갈릴레이는 그래서 중요한 사람입니다. 갈릴레이는 망원경으로 천체를 관측하고, 이를 통해 자신의 이론을 증명합니다. 또한 관성에 대한 사고실험을 통해 자신의 주장을 증명하기도 합니다. 그래서 근대 실험물리학의 시조로 꼽히지요.

갈릴레이 이후 과학자들은 자신의 이론을 증명하기 위해서 관측과 실험을 하고, 그 사실을 공표합니다. 동료 과학자들은 그 실험을 자신이 반복해봅니다. 그리고 반복한 결과 또한 발표하지요. 아인슈타인이 일반상대성이론을 발표하자 전 세계의 과학자들이 실험을 통해 그 이론의 진위를 확인했지요. 과학은 이런 엄격한 검증 과정을 통해 발전해왔습니다.

일부 과학자들은 검증이라는 과정을 참지 못하고 결과를 조작하거나, 엄밀한 실험을 거치지 않은 결과를 발표하지요. 하지만 그렇게 해서 받는 언론과 대중의 관심은 잠시일 뿐입니다. 이들의 행위는 당연히 밝혀지게 되고 영원히 과학계에서 추방됩니다. 어떤 과학자 사회도 이런 기본적인 윤리를 저버린 이들은 절대로 용납하지 않습니다. 실패를 견뎌내지 못하면 과학자가 될 수 없는 것이지요. 아마 여러분들도 마찬가지일 겁니다. 자신의 전문 분야에서 반드시 지켜야 할 엄밀함을 저버리고 대중을 속이며 쉽고 편한 길로 가려 한다면 누구나 추방될 수밖에 없습니다. 운동선수가 승부조작을 했을 때도 마찬가지로 단 한 번의 일탈도 용납되지 않고 영구 제명되는 것이나 마찬가지입니다.

과학자들은 수없이 실패를 거듭합니다. 1,000번의 시도 끝에 한 번 성공하는 건 다행일 수도 있습니다. 과학을 한다는 것은 매일 실패하기를 반복하는 일입니다. 그리고 그 끝에 얻은 성공도 언제 다시 뒤집힐지 모릅니다. 그러나 과학자들은 그것을 숙명으로 여기지요. 과학이 그런 길이라는 것을 아니까요. 실패야말로 과학 하는 즐거움을 위해 기꺼이 바쳐야 할 대가입니다.

물론 우리가 사는 세상에는 과학 말고도 할 일이 많고, 재미있는 것도 많지요. 모든 사람이 과학자일 수 없고, 그럴 필요도 없습니다. 실패를 거듭하는 과학자의 엄밀함을 우리 모두가 갖추어야 할 것도 아닙니다. 하지만 수백 년의 전통 끝에 마련된 과학자의 연구 윤리는 우리에게 시사하는 바가 큽니다. 어떠한 명제도 그냥 믿지 말 것. 모든 명제에 대해 회의적 시선을 거두지 말 것. 언제나 반증 가능하다는 사실을 잊지 말 것을 받아들이는 '합리적 회의주의', 혹은 '과학적 회의주의'는 삶의 자세로서 대단히 유용하고 또 가치 있는 일입니다. 오랜 과학의 역사가 증명하는 '과학적 회의주의'를 생각의 틀로 만들어나가면, 스스로에게도 의미 있고, 사회적으로 유의미한 일이 될 것입니다. 권위를 맹신하지 않고, 스스로의 경험에 객관적이 되고자 노력하는 자세는 과학이 우리에게 주는 또 다른 선물이기도 합니다.

May the scientific scepticism be with you!

참고문헌

1   Lee, H.-K.; Lee, K.-M. (2006) Journal of Industrial and Engineering Chemistry, 17(6), 597—603.

2   중앙일보 2018년 1월 6일 "'그래, 이 맛이야' 미원 · 미풍 금반지 전쟁 그 시절 올까" http://news.joins.com/article/22262959

3   시사저널 2016년 9월 21일 "지진운 전조현상? 구름이 지진을 예고할 수 있을까" www.sisapress.com/journal/articlePrint/158064

4   http://v.media.daum.net/v/20110213212724044

5   인제대학교 서울백병원 의학정보 "인슐린 주사는 한번 맞으면 평생 맞아야 한다?" http://www.paik.ac.kr/seoul/medicine/disease_vi.asp?p_seq=15&gotopage=6 한국일보 2015년 9월 6일 "'인슐린 주사=인생 끝' 당뇨병 환자들 편견 몸 속의 혈당 키운다" http://www.hankookilbo.com/v/ea151c29ef91413fa30d37d3dd68e2cf

6   인제대학교서울백병원 의학정보 암은 칼을 대면 번진다 http://www.paik.ac.kr/seoul/medicine/disease_vi.asp?p_seq=10&gotopage=7

7   http://science.sciencemag.org/content/328/5979/689

8   지스트신문 2016년 5월 31일 "쓰레기 과학, 과학자들의 양심을 사들인 기업들" http://gistnews.co.kr/?p=1770

9   A randomized steady-state bioavailability study of synthetic versus natural (kiwifruit-derived) vitamin C. https://www.ncbi.nlm.nih.gov/pubmed/24067392

10　한국정신과학학회 홈페이지의 설립 취지를 인용했습니다.
　　http://www.ksjs.or.kr/seolip.htm

11　중앙일보 1997년 7월 29일 "피라미드 숨은 힘 입증... 모형 속 우유 며칠 지나도 안 썩어"
　　http://news.joins.com/article/3492331

12　시사저널 1998년 9월 17일 "'과학인가, 혹세 무민인가' 신과학 논쟁 가열"
　　http://www.sisapress.com/journal/article/98869

13　d라이브러리 "'나'는 어떤 얼굴일까?"
　　http://dl.dongascience.com/magazine/view/C200701N009

14　마이클 비히가 환원 불가능한 북잡계를 정의한 본문은 다음과 같습니다.
　　A single system which is composed of several interacting parts that contribute
　　to the basic function, and where the removal of any one of the parts causes the
　　system to effectively cease functioning.

15　『눈의 탄생』, 앤드류 파커 지음, 뿌리와이파리

16　해당 판결문은 아래의 링크에서 볼 수 있습니다.
　　https://en.wikisource.org/wiki/Kitzmiller_v._Dover_Area_School_District/4:Wheth
　　er_ID_Is_Science#Page_79_of_139

17　디지털타임스 2008년 9월 26일 "혈액형과 성격의 연관관계"
　　http://news.naver.com/main/read.nhn?mode=LSD&mid=sec&sid1=110&oi

과학이라는 헛소리
욕심이 만들어낸 괴물, 유사과학

초판 1쇄 인쇄 2018년 3월 13일
초판 10쇄 발행 2024년 4월 04일

지은이 박재용
펴낸곳 (주)엠아이디미디어
펴낸이 최종현
디자인 김현중
경영지원 윤 송

주소 서울특별시 마포구 신촌로 162, 1202호
전화 (02) 704-3448   **팩스** (02) 6351-3448
이메일 mid@bookmid.com   **홈페이지** www.bookmid.com
등록 제2011 - 000250호
ISBN 979-11-87601-60-9 03400
책값은 표지 뒤쪽에 있습니다. 파본은 구매처에서 바꾸어 드립니다.